Andrew Fisher

Metaethics
An Introduction

[英] 安德鲁·费希尔———著

段素革———译

元伦理学导论

上海人民出版社

献给我的妈妈爸爸：詹妮特和大卫

中文版序言

这本书能够译为中文，实在是很大的荣幸！我要感谢我的这部著作的出版商劳特里奇出版公司和上海人民出版社能够达成这个合作。我也很高兴上海人民出版社选择了段素革女士来完成翻译工作。十分感激他们为这本著作的中译本所做的工作。

一直以来，我经常被期待讲述一下自己的哲学和元伦理学工作是如何开始的。我对哲学的兴趣是在与家人的讨论中形成的。我回想起在我年龄还比较小的时候，母亲曾给我一本安瑟尔谟论上帝存在的本体论证明的书。我当时并没有真的理解（我甚至不确定自己现在是否真的理解了），但是这样一个论证的错综复杂，它的理念和可能带来的回报都令我着迷。

本地16—18岁年龄段的学校把哲学课作为资格课程，这于我来说也是十分幸运的。在我有时显得艰苦和沉闷的学校生活中，坐下来与师友谈论哲学对我来说就如同赋予生命的氧气一般，它使我恢复精神，给我挑战，使我认识到尽管我可能面对各种不确定性，但至少有一点我是确定无疑的：哲学在我的生命中是不可缺少的。

我在伯明翰大学学习了哲学。其时正有一些了不起的思想家在那里工作，罗伯特·霍普金斯（Robert Hopkins）教授、亚历山大·米勒（Alex Miller）教授和格雷格·麦卡洛克（Greg McCulloch）教授——仅举几例。那是一个丰富多彩、令人鼓舞的环境。真正点燃我对元伦理学的兴趣的，是亚历山大·米勒教授的元伦理学课程。亚历山大敏锐得难以置信，而且谦虚、善于启发，从不吝惜指导学生的时间。在他的课上，两个感受一直令我印象深刻。一是他对于哲学论题的知识是如此渊博（关于各种哲学论题他懂得太多了）；二是他信任我的能力，确信我能够在元伦理学领域做出一些有趣而又新颖的工作。

在这些课堂上我最大的收获可能是认识到，要做好元伦理学需要对于哲学的各个方面都有所了解。例如，熟悉关于心理学的性质的问题、指称和意义理论、自然类本体论（natural kind ontology）、解释的性质、因果关系与反事实等等（这里只能略举一二），有着不可估量的价值。元伦理学与哲学的很多不同领域联系起来的方式，至今令我充满兴奋，并且对这个学科的复杂性有一种合理的尊重。

毕业时我取得了哲学专业一级学位，然后在亚历山大的指导下攻读哲学硕士。我的兴趣是描述性与规范性之间的关系。简单地说，"是"这类事情如何能够许可"应当"做什么的说法？这个问题的一部分（其实它一直存在于哲学当中）在于找出表述它的正确方式。哪些研究领域会有助于回答这个问题呢？最终我辩护了一个非还原性解释，它拒绝任何此类声称："是"这一类的描述有可能以某种有益的方式许可"应当"这一类的表达。从我攻读博士学位期间直到今天，这个问题一直伴随着我，并且随着伦理学的科学进路在大众话语中的兴起而日益重要。

亚历山大由于曾在圣安德鲁斯（苏格兰）学习，他建议我申请到那里去做自己的博士研究。我提交了申请并被接受，开始了在约翰·斯科鲁普斯基（John Skorupski）教授指导下的研究工作。约翰可以说是研究斯图亚特·密尔的世界级专家，他对于分析哲学的历史有着百科全书式的丰富知识。其知识的广博是令人惊叹的，这对我有着难以置信的帮助，因为我的博士研究是对摩尔的开放问题论证的重新审视——这要求采取历史和分析的方法进入摩尔工作的哲学语境。

作为一个研究生新生，与克里斯平·赖特（Crispin Wright）、斯图尔特·夏皮罗（Stuart Shapiro）、弗兰克·杰克逊（Frank Jackson）、莎拉·布罗迪（Sarah Broadie）和格雷厄姆·普利斯特（Graham Priest）这样一些人坐在同一个讨论课上，我不得不保持高度专注，因此那时的圣安德鲁斯对我来说是一个极具挑战性的智力环境。然而我很幸运，已故著名的凯瑟琳·霍利（Katharine Hawley）教授当时给予了我极大的支持，使我保持专注，抱有希望，帮助我逐渐形成了自己的哲学个性。

获得博士学位后，我接受了诺丁汉大学提供的讲师岗位，在那里找到了一个极好的思想者群体。重要的是，我的同事们通晓于"西方正典"之外的传统并看到其中的价值。我发表了一些学术论文和著作，后来又对教育哲学的研究与写作发生兴趣。

在诺丁汉，教学得到重视、鼓励和支持。因此，在这样的环境中工作意味着我开始认识到自己做教师的能力，我很快就晋升为正教授。

人们认为如果你懂得一个学科，那么写一本这个学科的教科书是件易事。然而并不是这样。众所周知的是，很不幸有些人可能知识渊博，但是完全缺乏清晰沟通的能力。鉴于我自己所具有的教学能力，我相信自己已经具备能力写一本易懂和有趣味的教科书。此外，我也很幸运能够在过去十年中最好的时光里，通过把这本书的部分内容用于对数百名学生的教学而发展和完善它。他们提供的信息和洞见一直有着无可估量的价值。许多次我以为一个例子或论证已经清楚了，但是遇到的却是困惑的表情，这迫使我重新思考我的构架和假设。

我的元伦理学研究和教学仍在演进过程中。元伦理学的广阔领域仍令我感到兴奋；我正在学习庄子的伟大著作并为此感到激动，我问自己，庄子对道、德的讨论以及他对语言的处理，会怎样有助于我们对当代元伦理学的讨论产生新的见解？

我希望对这本书的阅读和讨论会让你们像我一样对元伦理学感到兴奋，重要的是，希望它能给予你们锻造自己的哲学个性的工具。

安德鲁·费希尔教授
诺丁汉大学
2022 年 10 月

前　言

本书面向的是刚接触元伦理学领域的人。它是对这个领域过去百年来主要进展的一个概观。它从我过去八年中一直有所发展的教学资料演化而来。感谢所有选修我的元伦理学课程的同学，感谢你们帮助我思考如何最好地呈现这些议题。

在教学过程中，有一点变得愈加清晰：尽管有许多详尽介绍元伦理学的优秀著作，例如亚历山大·米勒的《当代元伦理学导论》（*An Introduction to Contemporary Metaethics*, 2003）*，但仍然需要一本更加简洁的著作来作为进入这个领域的跳板。对于写一本"当代元伦理学导论之导论"的想法，我曾经并没有严肃地看待——但这只持续了很短的时间！目前大家看到的这本书就是那本作为导论之导论的书，我希望它能够成为进入更加深入的元伦理学研究的一个门径。

我想在此对阅读和评论了本书全部草稿的朋友表达我的谢意。罗茜·费希尔（Rosie Fisher）充满洞识的评论对我有着巨大的帮助。詹妮特·费希尔（Janet Fisher）使我反复斟酌写作过程，并且她对写作错误明察秋毫。感谢你们两位的不懈努力。

与一些优秀的同事共事是我的幸运。乔纳森·塔兰特（Jonathan Tallant）和克里斯托弗·伍达德（Christopher Woodard）阅读了全部的草稿，他们使我自始至终保持哲学的警觉。其他一些同事阅读了其中的某些章节并给出了非常有帮助的评论。伊莎贝

---

* 中译本参见张鑫毅译，上海人民出版社 2019 年版。——译者注

尔·戈伊斯（Isabel Gois）、尤里·莱博维茨（Uri Leibowitz）、格里高利·梅森（Gregory Mason）、尼尔·辛克莱尔（Neil Sinclair），感谢你们！

　　我还要特别感激《敏锐》（Acumen）的两位匿名审稿人，他们的意见诚恳且帮助巨大，使得这本书远比当初更加易懂和具有可读性。

viii　　最后，我还要感谢罗茜、伊丽莎白（Elizabeth）和芙蕾雅（Freya）包容我花了太多的时间写作和谈论这本书，是她们的快乐、耐心和爱一直支持着我。

目 录

引　论

如果你没有感到迷惑，那表明你没有专心。

——汤姆·彼得斯（Tom Peters）

本章目标

- 解释元伦理学是什么，以及它如何不同于规范伦理学和应用伦理学。
- 概述在形成一种元伦理学立场时的两点考虑。
- 解释元伦理学中一些关键术语和常见误解。

引　言

我们知道当尼禄（Nero）把基督徒作为蜡烛点燃时，他所做的是错的（wrong）。民权运动是一件好事，这一点在我们看来似乎为真。种族主义是错的，这是一个事实。如果一种文化认为虐待儿童致死是对的，那么这种文化就是错误的（mistaken）。

但是我们真的能够具有道德知识吗？一个道德主张为真，这是什么意思呢？在何种意义上"种族主义是错的"是个事实？某个东西如何能够独立于人们的想法而是对的或者错的呢？

这些都属于元伦理学问题。给你们资源以开始对于这些问题的解答，就是这本书的目的。但是为什么这些问题被归类为元伦理学问题？到底什么是元伦理学呢？

回答这个问题的一个有用的方式，是将元伦理学与应用伦理学和规范伦理学进行对比。我们来做一个类比以阐明这一对比：我们把伦理学想象为足球运动。我们可以把与足球运动相关联的不同要素等同为伦理学的不同学科。这里有运动员，我们可以将其看作应用伦理学家。应用伦理学家感兴趣的是关于特殊议题的道德问题，如堕胎是否是错的，如何分配有限的医院资金，狩猎是否是错的，我们是否有义务为慈善事业捐款，克隆人类是否是错的，等等。还有裁判，他负责对运动员遵守的那些规则做解释。可以把裁判看作规范伦理学家。规范伦理学家感兴趣的是作为基础来指导应用伦理学家的研究的那些原则。例如，当我们要搞清楚什么是对的什么是错的时，应该只从后果来考虑吗？我们应该成为什么样的人？我们应该怎样衡量道德考虑的重要性？最后还有足球分析人士或权威人士，他们既不踢球也不负责向球员解释规则，而是尝试理解和评论比赛本身，这就像那些元伦理学家——他们针对伦理学实践本身提出问题，其中一些问题后面我们就会谈到。

需要注意的是，"元伦理学"（metaethics）中的"元"（meta）这个前缀并不是"居于之后"或"被转化"或"改变"的意思，尽管它有时被这样使用。它的意思是"置身于伦理学之外"，对伦理学进行"思考"，或者"和伦理学保持距离"。由于这个原因，哲学家们将元伦理学看作"二阶"（second-order）学科，因此将元伦理学看作是对伦理学实践进行的一个鸟瞰：元伦理学家以最大的专注俯视并尝试理解它。

因此，在某种意义上，"元伦理学"是一个相当误导人的名字，因为有时人们认为它要涉及关于如何生活的实践问题。然而事实并非如此。

此外，即便元伦理学或许像哲学本身一样古老，但它只是自G.E.摩尔《伦理学原理》一书于1903年发表之后才真正获得一种身份感。因此，我们的讨论是来源于这个时间之后的著作。但是尽管本书的关注点绝对是当代的，其涉及的议题往往可以在思想史中追溯很远。

元伦理学问题的类型

如果元伦理学是关于尝试理解伦理学实践的，那么我们可以从思考这种实践的各种组成部分来开始对它的解释。当我们观察伦理学时，我们能够看到，它涉及人们所说的，这就是道德语言。因此元伦理学的一个组成部分思考道德言说是怎么回事。例如，当人们说某事是"错的"（wrong），他们的意思是什么呢？是什么把道德语言与世界连接起来？我们可以对道德术语进行定义吗？

显然，伦理学也涉及人，因此元伦理学家也考虑和分析人们心灵中在发生些什么。例如，当人们做出道德判断，他们是在表达信念还是欲望？做道德判断和动机（motivation）之间的关联是什么？

最后，也有关于存在的问题（本体论）。因此，元伦理学家会提出道德属性（properties）是否实存（real）的问题。说某个东西是实存的是在说什么？道德事实是可以独立于人而存在的吗？道德属性可以是因果性的吗？

因此，元伦理学就是对如下方面的系统分析：

（a）道德语言；

（b）道德心理学；

（c）道德本体论。

这是一种比较粗略的分类，并没有明确地抓住元伦理学中经常讨论的很多议题，比如真理和现象学；然而，就我们的目的来说，我们可以把这些议题划归到上面那几个比较宽泛的类别之下。

给定（a）—（c），我们就可以问：如果说存在优先性，这三者当中哪一个应该在元伦理中具有优先性呢？对语言的认真思考会帮助我们解决本体论和心理学的议题吗？对于本体论的一个清晰理解会给我们提供回答心理学问题和语言问题的方法吗？又或者，努力思考心理学问题会有助于我们更好地理解语言和本体论问题吗？例如，如果我们断定存在道德事实（本体论），那么这可能暗示，当我们做道德判断时我们是在表达关于这些事实的信念（心理学）。

在元伦理学中，哪种类型的问题获得了优先性，通常反映了什么在其时的哲学思考中受到重视。例如，摩尔写作的时期备受关注的是语言哲学。所以毫不奇怪，他的思考就是从（a）开始，认为最重要的伦理学问题是"如何定义'善'？"（Moore，［1903］1993：58）。然而后来语言哲学和关于意义与分析性的议题变得不那么重要了，这对元伦理学产生了直接的影响。正如斯蒂芬·达沃尔等人说的："由于对'意义'或'分析真理'概念感到不安……分析元伦理学的狭隘的语言导向的议程被完全取代了。"（Stephen Darwall *et al.*，1992：123）。

因此，在研究元伦理学家的工作时，值得问一句：其首要的关注点是（a）、（b）还是（c）。或许更重要的是，我们应该问一句，它们当中哪个应该在元伦理学研究中占据优先地位，当然也要记得这一点：或许它们当中没有一个应该具有优先性。

我们应该怎样发展一种元伦理学理论？

还有另外一个基本的方法论问题很值得时刻注意，即：在发展其理论时，元伦理学家应该对什么有敏感性？例如，如果我们正尝试回答关于道德语言的问题，并且作为哲学家，我们采取了一种与大多数人持有的观点有区别的特定的真理进路；那么我们和大多数人，谁会取胜呢？我们是顺应街上的众人还是顺应哲学家呢？用我们前面举过的足球的例子能够最好地阐明这一点。

想象一下人群同时高喊"点球！"我们先不论裁判会怎么说，假设分析人士或专家认为那显然不是一个点球，她争辩说，尽管人群坚持那是个点球，他们说的却是错的。毕竟，按照她的推理，她有大量的经验，她看的比赛比他们大多数人都多，她也不站在两队的任何一边，因此不会偏袒谁，对于实际发生的情况她处于一个在情感上更有利于准确理解的位置上。在这种情况下，我们会怎么说呢？那是不是个点球呢？我们会严肃对待 5 万人同时喊出同样的声音这个事实吗？

因此，当试图对道德实践做出最好的分析时，我们应该从大多数人怎么想怎么说开始，努力围绕这一点去构建一个理论吗？还是我们应该发展一个理论，然后根据这个理论来解释众人所说的，或者断定众人思考和言谈的方式并不是通向真理的可靠指引？如果众人认为某些道德主张总是为真，这意味着任何元伦理学理论都应该表明这一点吗？还是毋宁说，元伦理学家能够声称对于这些议题拥有更多知识，并且一致认为众人弄错了吗？

当然，人们或许认为两种说法都有点道理：在有些议题上，人们的日常想法和言论应该指导元伦理学理论的建构；然而在另外一些情况下，哲学家应该占据这个指导地位。但是要采取这个路线，我们将不得不小心翼翼，因为我们必须给出好的理由：为什么在有些议题上给予众人极大的证据上的权重，而在另外一些情形下却不。在阅读本书后面的内容时，你们将会看到元伦理学家们与这个议题的搏斗。

为什么元伦理学是一个艰难的学科

5

最后，要强调，元伦理学是一个艰难的学科，之所以如此是有许多理由的。首先，它依赖于哲学的其他领域，并且随着它们的发展而改变。因此，举例来说，如果我们说道德事实存在，那么我们将会需要来自形而上学的某些关于事实和存在的性质的观点。又或者，如果我们认为只能对道德术语给出综合性定义，那么我们将必须对语言哲学中关于分析／综合的区分这个议题保持敏感。

因此，在研究元伦理学时，你们应该预料到要花时间来阅读其他领域的文献，比如形而上学、语言哲学、心理学、认识论、现象学、艺术哲学、逻辑学，等等。如果你们把这些学科分隔开，相信自己可以孤立地研究元伦理学，那将会更加艰难。

第二个理由在于元伦理学的术语。元伦理学家们经常会引入一些这个学科所特有而人们感到陌生的术语。由于这个原因，我相信那些开始研究元伦理学的人应该优先去熟悉一下基本术语。紧接着的部分就重点介绍这些关键术语以及对于它们的一些常见误解。在本书的最后部分会有一个术语表作为参考。

基本术语及一些常见误解

道德实在论（moral realism）

道德实在论是关于什么东西存在的（本体论）。道德实在论者主张道德属性（properties）是存在的，并且以某种方式独立于人们的判断。举例来说，如果道德实在论是正确的，那么我们可以说杀人行为具有"错误性"（wrongness）这种属性，而它具有这种属性是不以人们是否这样认为为转移的。

澄清可能存在的误解
- 道德实在论绝口不提道德属性的本质和起源。因此，举例来说，一个人是一个道德实在论者并不自动地意味着他是一个有神论者。道德属性可以是自然属性或非自然属性。

- 道德实在论者可以主张，道德属性仅仅因为人存在而存在。
  这并不等同于如下声称：人能够选择什么是对什么是错
  （参见第 4 章和第 5 章）。
- 实在论者认为存在道德属性，但并不是仅仅因为这一点就
  意味着他们声称他们知道什么东西是对的、什么东西是错
  的。如果道德实在论者声称对于什么东西是对的、什么东
  西是错的，他们并不比任何其他人有更好的看法，这是完
  全自我一致的（consistent）。
- 属性与事实是明确区别的，尽管本书（特别是第 4 和第 5
  章）的议题并不依赖于这个区分。

道德非实在论（moral non-realism）

道德非实在论者主张，不存在道德属性或事实。非实在论包
括——除其他之外——准实在论、反实在论、错误论和非实在论
（irrealism）。

澄清可能存在的误解

- 即便非实在论者认为根本不存在道德属性和事实，这也并
  不意味着他们认为根本不存在道德真理。只有当他们也认
  为一个主张为真，当且仅当存在使得这个主张为真的事实
  和 / 或属性时，才可以得出那样的结论。但这是一个独立
  的关于真理本质的主张，而非实在论者是可以拒斥这一主
  张的（参见第 2 章）。
- 非实在论者也可以是一个认知主义者（参见下文）。

认知主义（cognitivism）

认知主义者支持两点主张。第一点是：当人们提出道德主张

时，他们是在表达信念。第二点是：道德主张可以为真或假；这是认知主义的一部分，因为信念属于可以为真或为假的那类东西。哲学家们把一个主张为真或假的潜在可能性称为适真性（*truth-aptness*）。由于信念被认为是描述，认知主义有时又被称为描述主义（*descriptivism*）。

澄清可能存在的误解

- 认知主义不是指道德主张为真这样的观点，因为如果认知主义者认为所有道德主张都为假，这是完全融贯的（coherent）（参见第 3 章）。这是一个常见的错误，最好的避免办法就是记住，认知主义是一种关于适真性的观点而不是关于真理的观点。

非认知主义（non-cognitivism）

非认知主义认为，如果一个人提出道德主张，他是在表达一种非信念状态，比如情绪；例如，说"杀人是错的"就是表达对杀人的不赞成。粗略地说，这就仿佛在说"呸！杀人！"因此，由于赞成或不赞成态度的表达并不属于可以为真或为假的那类东西，非认知主义者认为道德主张不具适真性——在同样的意义上认知主义者认为道德主张具有适真性。

澄清可能存在的误解

- 非认知主义不是指这样的观点：道德主张是关于我们自己的心灵状态的。例如，它不是这样的主张："杀人是错的"实际上的意思是"我不赞成杀人"。事实上，这会是一种形式的认知主义，它断定当我们提出道德主张时我们是在描述一种心灵状态——在这个例子当中就是我对杀人的不赞成（参见第 2 章）。

自然主义与非自然主义（naturalism and non-naturalism）

自然主义者声称，唯有这样的东西是存在的：它们会出现在关于存在（what exists）的科学图景中。非自然主义者认为，有一些东西尽管存在但不能出现在关于存在的科学图景当中。举例来说，快乐、盐和电子是自然事物，然而上帝却不是（参见第 4 和第5 章）。

澄清可能存在的误解

- 你可以是个非自然主义者，同时否定上帝存在。你作为一个非自然主义者所承诺的，只是有一些东西，它们尽管不出现在对于存在的科学描述中，却是存在的。

- 你可以是一个自然主义者，但却不是一个道德实在论者，因为自然主义者所承诺的仅仅是这一主张：如果道德属性存在，那么它们就会是自然性的。存不存在道德属性的问题在这里是个开放问题。同样，你可以是一个非自然主义者，却不是一个道德实在论者，因为你可以认为或许上帝是存在的，但是他与道德毫无关系。

动机内在主义（internalism about motivation）

动机内在主义者认为，当我们做出道德判断，我们就会有依照那个判断来行动的动机，这是一种概念必然性（参见第 8 章）。因此，如果判断为慈善事业捐款是对的，必然就会有为慈善事业捐款的动机。对内在主义者来说，某人在心理上是正常的，他做出了一个判断，然而却不具有遵循那个判断的动机，这在概念上是不可能的。

澄清可能存在的误解

- 内在主义并不意味着判断和行为之间存在必然关联，因为行为与动机并不相同。例如，某人有可能有减体重的动机，但是从来没有抽时间来为此做些什么。

- 内在主义不是指这种观点：真判断激发行为。它只是这样的观点：在道德判断（不论对错）与动机之间具有必然关联。

- 内在主义并不主张在判断与行动理由之间存在必然联系：在判断和理由之间或许会存在必然联系，但是在理由和动机之间不存在必然联系。

- 在元伦理学当中，"内在主义"也被用来讨论内在理由（参见第 7 和第 8 章），在元伦理学之外，它被用来讨论心灵内容和认知证成。

动机外在主义（externalism about motivation）

外在主义认为在做出道德判断与具有动机之间不存在必然联系。道德判断之所以让能动者产生动机，是由于能动者的欲望。因此，对外在主义者来说，判断与动机之间的关联要依能动者的心理状态而定。

9

澄清可能存在的误解

- 动机外在主义不是指这样的观点：道德判断是否会产生出动机是偶然性的。例如，这可能是一个心理事实：大多数时候大多数人都具有做正确的事的欲望，因此大多数时候大多数人都被他们的道德判断所激发而产生相应的动机。

- 在元伦理学中，"外在主义"也被用来讨论外在理由（第 7 和第 8 章），在元伦理学之外，它被用来讨论心灵内容和认知证成。

本书布局

每章的一开始提出本章的若干目标，在每一章中，都包括对元伦理学的重要观点和人物的概述。

每章的结尾部分罗列了记忆要点；若忘记这些要点就会导致混淆。在每一章结束时，我会给读者推荐一些可供进一步阅读的书目。

每章的最后，我提出了一些问题，来帮助读者思考该章所讨论到的那些议题。

记忆要点

- 元伦理学并不规定我们应该如何行为。
- 元伦理学是一门二阶学科。
- 要随时准备去查阅讨论语言哲学、心理学、认识论、心灵哲学和现象学等的各种著作。
- 这一点很重要：尽可能快地学会术语表。

进阶阅读

综述类的参考书，推荐 Sayre-McCord（1986）；McNaughton（1988）；Darwall *et al.*（1992）；Smith（1994：ch. 1）；Jacobs（2002：ch. 1）；A. Miller（2003：intro.）；Shafer-Landau（2003）；Fisher & Kirchin（2006：intro.）；Schroeder（2010：ch. 1）等。

特别有助于了解元伦理学的方法论和分类法的，参见 Timmons（1999：ch. 1）。Miller（2007）是对语言哲学的一个出色介绍；关于形而上学，参见 Tallant（2011）；关于认识论，参见

O'Brien（2006）；关于心理学，参见 Jacobs（2002）；关于心灵哲学，参见 Lowe（2000）。

思考题

1. 什么是元伦理学，它如何区别于应用伦理学和规范伦理学？
2. 元伦理学家对哪些问题感兴趣？
3. 你认为有一些元伦理学问题比另外一些更加重要吗？如果是这样，哪些更加重要呢？
4. 在发展一种元伦理学理论时，普通人思考和言说的方式应该被赋予多大的影响？
5. 你认为元伦理学能够对规范伦理学和应用伦理学造成影响吗？
6. 若有的话，研究元伦理学的好处可能是什么？

第1章

开放问题论证

〰〰〰〰〰〰

　　未来研究 20 世纪"思想与表达"的历史学家们，无疑会
饶有兴致地记录下这个精巧的把戏，这就是"自然主义谬误"。

　　　　　　　　　　——弗兰克纳（Frankena, 1939: 464）

　　那么，为什么摩尔的论证不只是特属某个时代的篇章？尽
管今天我们轻而易举地将摩尔在语义学和认识论方面的观点当
作过时的东西而加以拒斥，但似乎不可否认的是，他所做的思
考的确触及了某些具有重要性的问题。

　　　　　　　　——达沃尔等（Darwall *et al.*, 1992: 116）

本章目标

- 介绍开放问题论证（open question argument，OQA）及其与
  自然主义谬误的关系。

- 解释 OQA 面临的许多难题。

- 表明 OQA 如何塑造了元伦理学的格局。

引　言

　　有些东西似乎抗拒对其进行定义。我们可以怎样定义"人""政
治""女性主义""美""音乐""黄的"或者"社会"？如果有人告诉
我，人就是 $H_{15750}N_{310}O_{6500}C_{2250}Ca_{63}P_{48}K_{15}S_{15}Na_{10}Cl_6Mg_3Fe_1$，或者音乐

就是声频的某种组合，我们是不会被说服的。在写到如何定义"黄的"时，摩尔说：

> 我们可以描写它的物理上的相等物来尝试给它下定义；我们可以陈述，必须哪种光振动刺激正常的眼，才能使我们知觉它。可是，只要稍稍想一想，就足够证明，这些光振动本身并不是我们说'黄的'所意味着的。（Moore，[1903] 1993：62；*强调由本书作者所加）

本章核心的问题是，我们是否认为"善"也是抗拒定义的。例如，如果有人告诉我们，"善"就是"快乐"，我们会感觉我们应该听到的"善""缺斤短两"了吗？在《伦理学原理》（*Principia Ethica*）中，摩尔论证说，对"善"进行定义的任何尝试，总是会让我们有这种感觉，他认为这就证明"善"是不可定义的。下面我们就来考察他的这个论证。

G. E. 摩尔（1873—1958）

● 1925—1939：剑桥大学哲学教授。

● 关键文本：《伦理学原理》（1903）。

● 主张"善"是不可定义的；善是一种简单、不可还原、非自然、非形而上属性，只能通过直觉为人所知。借助于开放问题论证，他主张，大多数哲学家都没有察觉到这一点而因此犯了自然主义谬误。元伦理学家们将摩尔看作当代元伦理学之父。

摩尔的开放问题论证

让我们想一下如下一些情况会让人感到多么奇怪：有人同意哈

---

*　中译本参见 G. E. 摩尔：《伦理学原理》，陈德中译，商务印书馆 1983 年版，第 16 页。——译者注

里王子是个单身汉，然而又问道"他结婚了吗？"有人同意象棋棋盘有四个呈直角的等长的边，然而又问道"它是个正方形吗？"或者有人问"一只把头伸进垃圾箱的雌性狐狸是一只雌狐吗？"……这些问题是奇怪的，因为一旦我们理解了"单身汉""正方形"或"雌狐"的意思，答案对我们来说就是显而易见的。摩尔这样谈到这些类型的问题："词自身的意义就决定了答案；没有人可以不这样想，除非是自己混淆了。"（Moore，[1903]1993：72）

摩尔称这些类型的问题为"封闭"（closed）问题。它们与其所谓"开放问题"形成了对比。后者是这样的一些问题："一个牧师应该投票给共和党吗？""甘地是以往历史当中最伟大的一个人物吗？""掷飞镖真的算一项运动吗？"……这些问题之所以是开放问题，是因为"牧师""最伟大""掷飞镖"这些词的意义并没有使答案清晰地呈现给我们。

因此我们可以提出一个普遍主张：如果我们能够将"x"定义为"y"，且如果我们理解"x"和"y"，那么如果我们提问，某个特定的"x"是否是"y"，答案就会是封闭的；如果我们不能将"x"定义为"y"，问题就会是开放的。

有了这个检验标准，我们就可以将注意力转向"善"这个概念。我们需要去考虑一个"善"定义，然后问"某个根据那个定义而被鉴定为'善'的特定事物，是否实际上是善的？"如果这样一个问题是"开放的"，那么大概那个定义就是不正确的。

在《伦理学原理》中，摩尔这样提出了他的开放问题论证：就任何可能的"善"定义来说，我们总是能够提出开放的问题，这意味着我们不能定义"善"。

我们来举一些例子。比如，"善就是快乐"这个定义。现在让我们思考这个问题：布拉德能从赌博中得到快乐，但是赌博是善的吗？这当然看上去像是个开放问题，因为答案并非显而易见：理解了"善"和"快乐"并没有解决这个问题。在这一点上，"赌博

13

是否是善的”这个问题根本上不同于“正方形有四个边吗?”这个问题。如果这是正确的,那么我们就有证据说我们不能将“善”定义为“快乐”。

再如“善”的另外一种定义:“神所悦纳的,就是善的。”根据摩尔,如果这是正确的,那么“献上羔羊是神所悦纳的,但是献上羔羊是善的吗?”就会是个封闭问题。也就是说,如果我们知道“善”“献上”和“神悦纳”的意义,那么答案显然就是“是的”。然而实际上这是一个开放问题,它根本上不同于“哈里这个单身汉,他结婚了吗?”这样的问题。在试图回答关于羔羊和神的问题时,我们需要考虑动物的痛苦和神的本性这样的一些方面。因此,“善”不能被定义为“神所悦纳的,就是善的”。

最后,让我们再举一个或许更贴近人们实际所想的例子。想象一下,如果“生物学家发现了良善性基因”醒目地报道在《新科学家》(New Scientist)杂志的头版(如 Cushman,2010),我们会怎么想?例如,如果有人告诉我们,比尔是善的,我们会认为显然他有这个基因吗?或者,如果某人被鉴定为有这个基因,我们会认为“他是否是善的”是一个封闭问题吗?不会,这样的一些问题实际上是开放问题。这样的问题根本上不同于如下问题:“‘嗅嗅’是一只雌性的狐狸,但她是一只雌狐吗?”看来“善”也不能被定义为具有某种特定的基因。

摩尔论证说,对于人们提出的任何一个“善”定义,我们都可以重复这个步骤。这使他断定:善是不可定义的。

> “如果我被问到‘什么是善的?’,我的回答是:善的就是善的;并就此了事。或者,如果我被问到‘怎样给“善的”下定义?’,我的回答是,不能给它下定义;并且这就是我必须说的一切。”(Moore,[1903] 1993:58)

摩尔并不是期待或希望没有人能想出一个正确的“善”定义,相反,他认为我们可以先验地知道人们不会找到这样的定义。对摩尔来说，定义"善"不只是十分困难，而是根本不可能。

《伦理学原理》中摩尔对于开放问题的讨论，其实还有其他意图。他不仅是对语言和定义感兴趣，而且认为"开放性"这样的说法与关于属性的本体论议题是相关的。具体来说，摩尔做出了这样的声称：由于"善"是不可定义的，"善"这个属性就是不可还原的。为了看清楚为什么他这样认为，有必要思考开放问题论证与摩尔所谓"自然主义谬误"之间的关系。

以开放问题论证来证明自然主义谬误

为了便于论证，我们同意摩尔做出了两个声称：第一，开放问题论证表明"善"的意思是"善"，且仅仅是"善"；第二，一个词项的意义就是其所指——也就是它所鉴别出的对象。如果将这两个方面结合起来，那么摩尔为什么认为开放问题论证对于良善性（goodness）这个属性是有影响的，就会变得很清楚。因为，如果这两个声称是正确的，那么"善"（good）只能具有一个所指，且那个所指只能是良善性这个属性（goodness）。例如，"善"（good）不能被还原为快乐、福祉、幸福，等等。善在摩尔的术语系统中是一种简单特质（simple quality）。因此，摩尔在《伦理学原理》中得出两个结论："善"这个词项（"good" the term）是不可定义的，善这个属性（good the property）是不可还原的。

摩尔把认为我们能够对善（属性）进行还原的错误称作"自然主义谬误"（naturalistic fallacy）。这个名称算不上特别好，因为如果人们试图将善还原为任何属性就都犯下了这种谬误，不论那个属性是自然属性还是非自然属性。例如，上帝不是一个自然属性，但是声称善就是上帝所命令的，这仍然犯了自然主义谬误。关键是要记住，如果人们试图对良善性这个属性（the property goodness）进行还原，那么就已经犯了自然主义谬误。

摩尔相信，他已经用开放问题论证表明密尔、康德、斯宾塞、卢梭、斯宾诺莎和亚里士多德等人都犯了自然主义谬误。这可是一个非同寻常的指控！如果他能证明这一指控成立，那么他已经清理掉了伦理思想史上最有影响的一些思想家。然而，大多数元伦理学家都认为摩尔的开放问题论证是有问题的。

问题一：开放问题是个把戏吗？

让我们想象一下，某人得出了一个关于"善"的定义——也许"（什么是）我们想要（desire）的，（什么）就是善的"——因此相信"x 就是我们想要的，但是 x 是善的吗？"是个封闭问题。此外，她认为任何否认这一点而声称那是个开放问题的人，都没有完全理解"善"这个词的意义。在这种情况下，开放问题论证似乎根本不是个论证，而毋宁说是个断定：她的定义是错误的。

这样，当开放问题论证的支持者声称一个"善"定义导致开放问题时，他们只是在断定那个定义是错误的，而不是论证那个定义是错的。他们暴露出自己缺乏概念上的清晰性，在反驳那些想要定义"善"的人时犯了乞题谬误。如果这是正确的，那么摩尔的开放问题论证就根本不是个论证，弗兰克纳说摩尔对我们耍了个"精巧的把戏"（ingenious trick）就说得很对（1939：464）。

摩尔会怎样回应这个挑战呢？有没有一种方法可以表明开放问题论证的支持者并不只是认为（assume）那些正被考虑的定义是虚假的？或许是有的。我们来看一个例子：我们在大街上问路人，"x 是一个有七个边的形状，但是它是一个七边形吗？"如果他们发现这样的问题是开放的——也就是说，如果他们挠挠脑袋说，"我不知道"，或者"呃，我想可能是吧"——那么这会导致我们认为自己搞错了，一个七边形并不是一个有七个边的形状吗？根本不会。

实际上，我们问到的那些路人或许会要我们别把他们的回答太当真。我们可以想象他们说："别为我担心哦，我的几何学得从来都不好。"若这样的情形发生在数学领域，那么我们很愿意说，如果人们认为数学问题是"开放性"的，那他们是头脑不清的。

现在让我们考虑道德的情形。如果我们认为"善"可以被定义为"我们想要的"，就像数学中的那个情形一样，我们把这个定义拿到大街上，问路人他们想要的东西是否就是善的。重要的在于这一点：如果他们像回答数学问题时那样来回答这个问题，挠挠脑袋　　16
说，"好吧，我不知道"，或者"我不太确定，我可能需要想一下"，会怎样呢？

可以说，在这种情形下我们的反应会是不同的。如果人们针对道德问题的反应是这样的，那么这似乎对我们而言就是重新思考那个定义的一个初显性（*prima facie*）理由。当涉及道德词项的意义问题时，大众的观点似乎会比在数学的情形中重要得多。因此，如果人们确实发现关于一种善定义的问题是开放的，那么这就证明那个定义是有问题的。不可否认，这要弱于摩尔的开放问题论证。我们现在拥有的是一个对那些试图定义"善"的人的挑战，而不是一个对他们的反对。然而即便这个版本比摩尔所意图的更弱，它也确实暗示了开放问题论证并不只是一个"精巧的把戏"。斯内尔（Snare，1975）和波尔（Ball，1991）都进行了这一类的回应。

问题二：分析的悖论

分析的悖论经常与开放问题论证配合在一起被讨论，尽管最初难以看出二者之间的关联。为了努力看到这种联系，我们将会先单独考虑这个悖论及它的一个解决方案，然后才考虑它如何与开放问题论证相关联。

分析的悖论声称，存在令人信服的理由认为概念分析——将概念分解为其构成部分——可以提供非显见信息，但是同样存在令人信服的理由认为概念分析不能提供非显见信息。这些令人信服的理由是什么呢？关于第一个声称，我们通常认为，进行概念分析能够告诉我们一些新的、非显见的东西：哲学家们通过概念分析告诉我们"知识就是得到证成的（justified）真信念"，"真就是与事实相符合"，"因果关系就是恒常连结"，或者"上帝就是这样的存在：比它更伟大的存在对我们来说是不可思议的"，其中已经包含了某种非显见信息。因此，概念分析是可以提供非显见信息的。

然而，也存在令人信服的理由相信概念分析永远不可能告诉我们任何新的或有趣的东西。想象一下，我们要分析一个概念。为了有可能正确地做到这一点，我们必须知道那个概念的意义，因为如果我们不知道那个概念的意义，就不可能知道我们是否循着正确的轨道。实际上，如果我们不知道概念的意义，那么一个正确的分析就只会是一个幸运的猜测而已。但是，如果在我们能够对一个概念给出正确的分析之前，必须已经知道它的意义，那么对它的一个正确分析将不会揭示任何有趣或包含信息的东西！

所以，我们似乎就有了一个悖论：存在令人信服的理由让我们认为概念分析是能够提供非显见信息；然而同样存在令人信服的理由，让我们认为正确的概念分析不能提供非显见信息。注意，这一结论超出了元伦理学的范围。如果这个悖论成立，那么它会适用于所有的概念分析，不管是在什么领域。

幸运的是，这个分析的悖论根本不是个悖论。因为给出正确的概念分析并借此揭示某种非显见信息是可能的。表明这一点的方式有很多。被最广泛接受的方式是从注意到"知识"（knowledge）可以意味着知道如何（knowing how）去做某件事开始的。例如，我们或许知道如何让自己的言谈符合语法，知道怎样骑自行车，知道如何在击剑运动中做出弓步刺。然而，这可能仅仅意味着我们具有说话、骑自行车和进行击剑运动的能力。重要的是，并不能由此推论，因为我们具有这样的技能，我们就可以准确地揭示每项活动进行的机制。我们不能列举出语法规则，不能解释平衡的物理原理或者猛地牵扯肌肉纤维的生理学原理，等等。尽管如此，我们仍然知道如何说话、骑自行车和击剑。

这与分析的悖论是相关的，因为敏于这一可能性——"知识"可以意味着"关于如何去做……的知识"（knowledge how）——容许我们既同意在能够正确地分析一个概念之前我们必须知道（know what）它的意思，又容许我们声称这只能够意味着我们必须知道如何（know how）去正确地使用那个概念。我们有可能不能清楚阐述一个概念的意思，就像我们不能解释语法规则、自行车的物理原理和击剑的生理学原理一样。如果这种说法是对的，那么如果某人确实列出了一个概念的意思，那么这可能对我们是一个启示，教给了我们某种包含新信息的东西：就像如果某人给我们解释了为什么在骑行时我们要一直待在自行车上，或者当我们说话时我们应该遵守什么样的规则，又或者在做刺击动作时要如何测量距离，我们就会学到一些东西。因此，如果知识可以是关于具有某些能力的知识，那么对于某个概念的分析就可以是有趣且提供信息的，因此分析悖论就根本不是悖论。

现在是我们可以看一看为什么这与开放问题论证是具有关联性的时机了。如果这个悖论不是悖论，那么开放问题论证也就失败了，因为，我们已经看到，真概念分析可以告诉我们非显见信息。例如，这意味着下面这两者都可以为真：一则我们可以把"善"定义为"快乐"；二则得出这一定义带给了我们某种非显见信息。这反过来会意味着，如果我们问"x 令我们快乐，它是善的吗？"答案可能是不明显的，即便我们知道"善"和"快乐"的意义。关于这个定义的问题会是"开放的"。但是如果那是对的，那么我们就已经表明产生开放问题的真概念分析是可能的——这是摩尔的开放问题论证所不能允许的。因此，我们使用"知道如何（去做）……"
概念（know-how notion）对分析悖论所做的回应，已经表明那个
所谓的悖论根本不是悖论，因此摩尔的开放问题论证是失败的。

问题三：并非所有真定义（true definitions）都必须是依据定义而为真

　　到目前为止我们已经考虑的两个问题允许摩尔声称，如果某
个定义是正确的，那么这是由其中包含的词项的意义所决定的。在
上面一节中，我们思考了某些真定义，并且表明它们产生了封闭
问题："单身汉哈里是不是未婚的？""园子里的雌性狐狸是不是只
雌狐？"以及"正方形棋盘是不是有四个等长的边？"都是封闭问
题。然后这导致了如下的一般性主张：如果我们能够把"x"定义
为"y"，且我们理解"x"和"y"，那么，如果我们问"某个特定
x 是否是 y"，答案显然就会是"是的"；"某个特定 x 是否是 y"的
问题就会是个封闭问题。摩尔是这样描述这个问题的：当思考这样
一个定义是否正确时，"（其中包含的）词项的意义就决定了它是否
正确"（［1903］1993：72）。

　　所以，如果事实证明可以有一个正确定义但是其正确性并不是
由词项的意义所决定，那么情况就有可能是这样："x"可以被定义
为"y"，并且我们理解"x"和"y"，然而关于某个特定的 x 是否
是 y 的问题是开放问题。换言之，这样一个定义不会受开放问题论
证的反驳。这正是本节我们要考虑的问题。本质上它说的是，我们
有好的理由抵制这样的观点：一个真定义就是一个凭借其所包含的
词项的意义而为真的定义。

　　对开放问题论证而言的这个问题，始自这样的观察：存在一
些真定义，它们并不是凭借其所包含的词项的意义而为真。例如，
让我们考虑一下"水是 H_2O"这个理论上的定义。这是个真定义

吗？是的。"水"和"H₂O"这两个词项的意义决定了这个定义为真吗？不是的。也就是说，如果这个定义为真，水是 H₂O，那么我们是通过实验室中的实证研究认识到这一点的，而不是通过课堂上的概念分析。科学家们的工作并不是尝试通过概念分析来确定词项的意义，而是探究世界实际上是什么样子。这反过来意味着"x 是 H₂O，它是水吗？"是个开放问题。它之所以是开放问题，是因为科学界有可能弄错。因此，至少有一些定义——理论性定义——是免于开放问题论证的反驳的。

　　如果我们想要维护比如"善就是快乐"的主张，那么如果我们能表明它就像"水是 H₂O"这样的主张一样，那就太好了。如果我们能做到这一点，那么我们的立场就会免于开放问题论证的反驳。然而，要做到这一点，我们需要确定有权声称这样的一种相似性。例如，我们可以试着表明我们能够用经验证据确定"善"辨认出了某种自然属性，或者表明我们打算用"善"指这样的因果属性——它们对我们认为与良善性相关的因素负责。如果这种步骤是可能的，那么道德词项的定义会免于开放问题论证的反驳。在第 4 章，我们会考察一下康奈尔派实在论——它所承担的正是这个任务。

　　对摩尔的开放问题论证来说，还存在许多另外的问题。但是下面我们不讨论这些，而是来考虑，为什么即使元伦理学家们通常拒绝摩尔的论证，然而"似乎不可否认的是，摩尔所做的思考的确触及了某些具有重要性的问题"（Darwall *et al.*，1992：116）。下一节，我们将考虑为何会如此的一个原因。

我们真的能定义"善"吗？

　　到目前为止，我们考察了摩尔对开放问题论证的构想所面对的一些难题。可以说，它认为（assume）我们不能定义"善"，而不是表明为什么我们不能定义，它靠的是一个不正确的"分析"概念，依赖于"所有真定义都是凭借其所包含的词项的意义而为真"这样一个虚假（false）的主张。然而，即便摩尔自己版本的开放问题论证看上去也是成问题的，许多哲学家还是认为他的思考的确触及了某些具有重要性的问题。

要理解这一点，我们应该问：我们能否找到一个普遍的"善"定义——当人们说"帮助无家可归者是善的"，或者"信守承诺是善的"，或者"萨达姆·侯赛因已被处死，这是善的"时，它会抓住人们所说的意思。如此回答可能是很有诱惑力的：通过在一个定义中构造一个所有可欲东西组成的大集合就有可能。这样一个定义可以是这样的："善就是令我们快乐的，且我们想要的，且是上帝所说的，且使我们幸福的，且有益于社会的等等的东西。"

但是如此回应的可能性前景黯淡。如果这个进路是诱人的，那么，举例来说，当著名的无神论者理查德·道金斯说"信守承诺是善的"时，这会意味着"信守承诺是令我们快乐的，且我们欲求的，且是上帝所说的，且使我们幸福的，且有益于社会的，等等"。这能够是正确的吗？真的是这样吗：当人们使用"善"这个词时，他们实际上意指这样一大套东西？

此外，为了使"'善'可以定义吗？"这个问题更加清晰，要注意这一点：回答"不"与说"我们不能把东西鉴别为善的"并不一样。我们可能实际上很善于辨认出所有善的东西，但是仍然认为我们不能定义"善"，因为没有理由认为鉴别善的唯一方法是通过持有一个定义。毕竟，就其他东西来说，也并不是只能通过持有一个定义才能进行鉴别。我们开始认识到自己爱某人，并不要求我们有一个"爱"的定义；如果要求的话，人们的孤独感会陡然增加。因此，我们仍然可以在道德上是善的并且能够认出什么是善的，即便我们不能定义"善"。因此，还是这个问题：我们能够定义

"善"吗？

我认为，如果我们记下了上面几个段落的讨论并且思考了这个问题，那么大多数人都会回答"不"。我们认为善以某种方式超出了任何可能的定义；善看上去是不同的，似乎更加崇高、更加重要、更加意义重大，而一个定义是无法抓住这些方面的。例如，被告知"善"就意味着"快乐"，似乎错失了对善来说很重要的某个东西。当然，这还不够严密，所以，我们能对这些基本思想有更多理解吗？如果我们能，那么这可能如何相关于开放问题论证呢？

遵循达沃尔等人（Darwall *et al.*，1992）提出的一个建议，我们应该指出，开放问题论证必须更加谦逊。如果它自居为一个击倒性的论证，那么它必定要失败；我们应该视其为一个挑战。正如我们在上文提到的，它是一种方式，迫使那些给"善"下定义的人解释为什么我们发现从他们提议的定义产生出来的问题是开放的。

一旦我们允许这一点，那么看上去开放问题论证的似真性（plausibility）将会依赖于我们可以怎样解释为什么人们发现那些问题是开放的。因此，如果我们想辩护开放问题论证，就需要问我们可以给出什么样的解释。下面的建议与达沃尔等人（Darwall *et al.*，1992）给出的建议类似。

声称某个东西是"善的"，能够驱使我们行动。例如，声称信守承诺是善的，意味着我们将具有（至少一些）守诺的动机。如果某人说"我信守承诺这件事是善的，但是那跟我有什么关系？"这会显得非常奇怪。道德判断——凭借其为道德判断——似乎使做出那些道德判断的人产生动机（第 8 章对这个问题有更多讨论）。因此，这个观察或许给了我们一种方法来解释为什么人们发现关于人们所提出的"善"定义的问题是开放的：因为我们可能会认为，如果我们试图去定义"善"，那个定义将不会把这个实践性保存下来。

举例来说，让我们想象，我们认为"善"意指"快乐"。这样

21

一来，如果我们判断某个东西是令人快乐的，这当然有可能驱使我们行动，但是也可能不驱使我们行动；它有可能完全没有打动我们。这样说听上去并不奇怪："高速驾驶会让人觉得快乐，但是那跟我是不是要高速驾驶有什么关系呢？"然而，如果这样说："那是善的，但是那跟我有什么关系呢？"确实听上去会有些奇怪。但是，如果"善"的意思就是"快乐"，那么按理说我们对这两个陈述的反应不应该有这种变化。

因此，支持开放问题论证的建议是，我们发现关于"善"的定义的问题是开放性的，是因为当我们做出一个判断——某个东西是"善"的，这总是会激发我们的行动。这只是一个挑战，因为在有些时候可以给出一个有可能抓住这种实践性的定义；但是最低限度意义上，这种版本的开放问题论证所做的，是迫使那些试图定义道德词项的人给出回应。这就像对他们说："让我们看看你的定义如何能够抓住道德的实践性质。"然而，为了完成本章的讨论，我们将思考开放问题论证的更加广泛的影响。

结论与影响

我们可以由于以上说到的三个理由而拒绝摩尔版本的开放问题论证：它有乞题的逻辑错误，它依靠一个错误的分析概念，并且依赖于"所有真定义都凭借其所包含的词项的意义而为真"这一错误的主张。但是把这个问题的讨论限于历史上的著作是不明智的。开放问题论证以往并且今天仍然具有相当大的影响。

我们已经建议了，当把开放问题论证当作一个对于那些试图定义"善"的人的挑战时，它是最成功的。他们能够解释为什么大多数人发现从他们提出的定义中产生出来的问题是开放性问题吗？我们已经给出的一个理由是，对"善"的定义未能抓住关于什么是善的判断的实践性本性。正是道德的这个实践性特点——可以说是开放问题论证所凸显的——导致了非认知主义在《伦理学原理》出版之后紧接着的一个时期中的支配地位。

为了看出为何如此，首先让我们来思考一下认知主义。认知主义这种观点认为，当我们做出一个判断——不管是关于天气的、时间的、飞行速度最快的猛禽的，还是本地炸鱼薯条店的，我们都是在表达信念。因此，对道德认知主义者来说，当我说"某些医药公司免费发放逆转录病毒药物是善的"，我是在表达一个关于这个行为的良善性的信念。

问题在于，信念似乎并不是本质上就具有实践性，而是惰性的。我可以对大量的东西具有大量的信念，同时又十分无动于衷。但是若如此的话，并且如果道德判断就是信念的表达，那么我们就应该能够说："做慈善捐献是善的，但是那跟我有什么关系呢？"然而，正如我们在前一节所讨论的，这种声称看上去是奇怪的，因为道德判断确实看似本质上就是实践性的。

因此认知主义者就面临一个难题。如果他们是正确的，道德判断表达信念但是信念并非本质上是实践性的，道德判断就不可能本质上是实践性的。然而道德判断看上去与动机具有必然的联系，因此，认知主义好像是错了。

这与非认知主义者的说法形成了对比。非认知主义者似乎能够抓住道德判断的实践本性。因为如果非认知主义是正确的，那么道德判断表达的就是非信念状态，比如欲望；并且重要的是，欲望正是那类能够驱使我们行动的心灵状态。如果我口渴了，想要喝点东西，那么这就可能让我从座位上起身去打开烧水壶的开关；如果我有睡觉的欲望，我就可能向床边走去；如果我有骑自行车的欲望，那我会把自己的自行车搬出来。问题的关键是，欲望能够驱动我们，如果道德判断表达我们的欲望，那么道德判断就能够抓住道德本质上具有的实践性质。非认知主义是开放问题论证的最大受益者，因为开放问题论证暗示道德本质上是实践性的；似乎认知主义者不能抓住这个实践性，反之，非认知主义者却能抓住。

然而，如果道德判断表达非信念状态，比如欲望，那么这可能也会有自身的困难，因为它似乎暗示了道德以某种方式类似于口味这样的事情，而我们或许认为道德考虑要比口味等事情更加重大。此外，如果道德判断表达欲望，我们可能会担心这样的问题：我们如何才能谈论真理、聚合、进步、分歧或逻辑推理，它们可都是道德言谈的特点所在。在下一章，我们将对非认知主义理论的一种——情绪主义（*emotivism*）进行一番更加仔细的审视，看看它在处理这些问题时表现如何。

记忆要点

- 开放问题论证和自然主义谬误是两回事。
- 自然主义谬误指的是对道德属性进行还原的任何企图，包括将道德属性还原为非自然属性的那些企图。
- 相关于语言的讨论与相关于属性的讨论，彼此是明确区分的。
- 摩尔确实认为我们能够对什么东西是善的做出判断。例如，我们可以说"爱你的邻居是善的"。摩尔反对的是，我们有能力（ability）说"善"在这样一个判断中意味着什么。

进阶阅读

摩尔的观点在 Moore（［1903］1993：ch. 1）和 Schilpp（1952）中有概括。Baldwin（1990）是对摩尔哲学的一个很好的评注。Miller（2003：ch. 2）对开放问题论证及围绕其产生的争论有个出色的综述。Darwall 等人提出了一种对开放问题论证的辩护（1992：

§1）。Frankena（1939）的文章是对自然主义谬误的一个经典批判。Snare（1975）和 Ball（1991）的两篇比较艰深的论文关注了开放问题论证的语言学方面。另外两篇同样比较艰深的论文，一篇是 Horgan & Timmons（1992），另一篇是 Rosati（1995），讨论的是涉及综合性定义的开放问题论证。其他对于开放问题论证的实证讨论包括 Altman（2004）和 Strandberg（2004）。关于分析悖论的一个简短细致的讨论，参见 Clark（2002）。

思考题

1. 我们能够定义"善"吗？
2. 你会对"善"下什么样的定义？
3. 什么是自然主义谬误，它如何关联于开放问题论证？
4. 分析性定义与综合性定义之间的区别是什么？
5. 声称某个东西是"善"的总是会使我们具有相应动机吗？
6. 开放问题论证可以用于伦理学之外的领域吗？

第2章

情绪主义

我们如果拿起一本书，例如神学书或经院哲学书，可以问，其中包含着数和量方面的任何抽象推论么？没有。其中包含着关于实在事实和存在的任何经验的推论么？没有。那么，我们就可以把它投在烈火里，因为它所包含的没有别的，只有诡辩和幻想。

——休谟（Hume，［1748］1995：165）*

它［艾耶尔的著作］以终极智慧为理由，断送了宗教、伦理学、美学，断送了自我、人格、自由意志、责任和一切有价值的东西。我感谢艾耶尔先生，因为他向我们表明了，在整个世界大难临头的时候，现代哲学能够如何仍然谈笑风生、卖弄聪明。

——丹西（D'Arcy，转引自 Stevenson，1944：265）**

本章目标

- 概述认知主义与非认知主义。
- 解释为什么艾耶尔拒绝认知主义而接受非认知主义。
- 陈述支持情绪主义的主要动机。
- 表明情绪主义如何引起关于相对性、真理和规范性的议题。

---

* 中译本参见休谟：《人类理解研究》，关文运译，商务印书馆1957年版，第145页。

** 译文主要参考了中译本斯蒂文森：《伦理学与语言》，姚新中、秦志华译，中国社会科学出版社1991年版，第301页，注释1。

引 言

道德使我们夜里无法入睡，我们的道德罗盘指引我们去思考我们不想思考、做我们不想做的事情；在事关道德之处，我们可以对着电视节目大叫，我们形成或结束人际关系，我们做出职业决定，哭泣或笑。道德以一种深刻的、有时是戏剧性的方式影响着我们。情绪主义者认为自己处于一个更好的立场，能够比对手更好地抓住道德的这个特征，并且认为他们能够更好地抓住我们在前一章提到过的道德判断的那种实践性。这是因为对他们来说，提出一个道德主张就是表达一种情绪，而情绪在他们看来能够以这些深刻和戏剧性的方式驱使我们去行动。

26　　　　然而，即使情绪似乎抓住了道德的动态性质，却似乎并没有很好地符合道德的其他特征。例如，情绪不能为真或为假，然而道德主张却似乎可以为真或为假。情绪似乎在理性批判的范围之外，但是我们的道德信念却不在理性批判的范围之外。情绪看上去并不是客观的，或者对我们并不具有我们期待于对错或善恶的那种权威。在本章中，我们将思考一种情绪主义立场，看看它能否回应这诸种困扰。

A. J. 艾耶尔（1910—1989）

- 1958—1978：牛津大学逻辑学怀克姆讲席教授。

- 关键文本：《语言、真理与逻辑》（1936）。

- 辩护情绪主义，也就是这种观点：当我们做出道德判断，我们是在表达一种情绪，而不只是对什么东西进行描述。对艾耶尔来说，道德判断不能为真或为假，不可能存在真正的道德分歧。

艾耶尔的证实原则：将意义（sense）与无意义（nonsense）分开的一种方式

艾耶尔是一位"激进经验主义者"。他相信哲学是科学的侍女，唯一存在的世界就是作为科学对象的世界。对他来说，哲学是一门二阶学科，它的工作是对科学方法与论证进行提炼和分析。作为这种经验主义世界观的一部分，艾耶尔承诺了证实原则（the principle of verification），即声称一个陈述是有意义的，当且仅当我们能够原则上经验性地证实它或它是分析地为真的。让我们考虑如下两个陈述：

（a）在 2050 年将会有一场麻疹大流行。

即便现在不是 2050 年，我们也知道，如果在 2050 年一个广泛的地理区域内有大群人感染了麻疹，那么这将会经验地证实（a）。因此通过使用艾耶尔的证实原则，我们能够表明（a）是有意义的。我们再来看另一个例子：

（b）所有兄弟都是男性。

这不是可经验证实的，但它不是无意义的，因为它表达了一 ₂₇个分析真理。也就是说，一旦我们知道这个陈述中包含的词项的意义，我们就认识到（b）为真。这样，通过使用艾耶尔的证实原则，我们能够表明（b）是有意义的。

这就是艾耶尔的证实原则。如果我们接受这个原则，我们就有了一个有力方法把有意义的和无意义的陈述区分开。我们应该斟酌一个陈述，询问它是可经验证实的还是分析地为真的。如果它既非前者亦非后者，它就是无意义的。

在《语言、真理与逻辑》当中，艾耶尔将这个原则应用于哲学家们所处理的一些传统主题。他的结论是激进的。例如，对于形而上学，他写道："形而上学家……并不是想要写无意义的东西；他只是陷入了这样的处境。"（［1936］1974：60，强调由本书作者所加）；对于宗教信仰，他写道："我们的观点是，关于上帝性质的所有言论都是无意义的。"（［1936］1974：153，强调由本书作者所加）。因此艾耶尔声称，举例来说，当神学家谈到"上帝的超越性"或形而上学家谈到"形式与殊相"时，他们就是在说无意义的话。这是因为关于上帝的超越性的主张与关于形式和殊相的主张，都是经验上不可证实的。这不是声称神学和形而上学陈述为假；而是——如果艾耶尔是正确的——它们是无意义的，相当于这样的陈述，"烧烤架上浴袍高美洲驼"（bathrobe tall llama on the barbeque）——这完全是胡言乱语，比假更糟糕！

当我们把证实原则用于伦理学时会发生什么？艾耶尔声称，"只是表达道德判断的句子……是不可证实的"（［1936］1974：144，强调由本书作者所加）。因此，假定艾耶尔并不认为关于伦理学的陈述是分析性的，我们就会预期他会声称它们是无意义的，与神学家或形而上学家所做出的陈述是同一类。令人惊讶的是，他并没有这样说，因为他相信道德主张实际上是有意义的。下文我们会回过头来再考察这个貌似的异常。不过，我们首先的任务是表明证实检验（verification test）如何在艾耶尔总体的元伦理学观点的发展中发挥其作用。

艾耶尔用开放问题论证和证实原则来拒斥认知主义

为了便于论证，艾耶尔同意认知主义（这种观点：当我们做出一个道德判断，我们是在表达信念，这些信念对世界进行了描述）为真。例如，当我判断为慈善事业捐款是善的，我是在将做慈善描述为具有"是善的"（being good）这样的属性。然后他问道，这可能意味着什么呢？我们正在描述的道德属性是什么呢？艾耶尔声称只有两个选项：

（a）我们是在描述某个自然的东西。

根据（a），判断某个东西是善的、恶的、对的、错的，等等，就是判断它具有某个自然特征；哲学家们用"自然的"所指的，大致是"自然科学以及心理学的主题"（Moore，［1903］1993：92）。因此，举例来说，判断为慈善事业捐款是善的，可能与判断为慈善事业捐款令人快乐是一样的。艾耶尔将（a）称为自然主义，并使用开放问题论证来拒斥它。他写道：

> 由于说"某些令人快乐的东西不是善的"［比如吸食海洛因］并不自相矛盾……"x 是善的"这个句子就不可能等于"x 是令人快乐的"这个句子……由于说一些令人快乐的东西不是善的，或者，一些坏的东西被人欲求并不自相矛盾，"z 是善的"这个句子就不可能等于"x 是令人快乐的"或"x 是被人欲求的"。（［1936］1976：139，强调由本书作者所加）

艾耶尔认为开放问题论证能够表明人们所提议的对于伦理学词项的任何自然主义定义都将失败，因此自然主义是失败的。因此，当我们做出道德判断时，我们并不是在对某个自然的东西进行描述。那么我们是在描述什么呢？艾耶尔认为唯一的其他选项就是：

（b）我们是在描述某个非自然的东西。

但是艾耶尔同样拒绝（b），即声称我们正在描述的，不是自然科学或心理学的主题。他认为声称某个东西是非自然的，也就是声称它是在经验证实范围之外的。然而，我们已经看到，艾耶尔认为谈论超出经验证实范围的东西是无意义的。这意味着（b）为假，也就是，当我们提出道德主张时我们不可能是在谈论非自然的东西。

总而言之，艾耶尔相信，如果我们是认知主义者，我们就面临着一个两难困境。我们必须是自然主义者（a）或非自然主义者（b）。两个选项都是失败的。第一个选项产生了应该是封闭的然而结果却是开放的问题。第二个选项的失败是因为证实原则。艾耶尔论证说，这一切表明，我们应该接受非认知主义，我们从一开始就不应该接受认知主义。

29

艾耶尔的非认知主义，亦称"情绪主义"

由于拒斥认知主义，艾耶尔不得不接受非认知主义，也就是这种观点：当我们做出道德判断，我们是在表达一种非认知状态。何为非认知状态？这是一个好问题——由于如下事实，这个问题变得愈加困难：认知和非认知状态之间的边界是模糊的。这一点并不是明显的：我们可以给出必要或充分的条件，说一个心灵状态是认知状态或非认知状态。尽管如此，这一点是清楚的：就这个区分是有用的而言，情绪是非认知状态而信念是认知状态。（我们目前暂时坚持这一程度的区分，第 10 章再回到这个问题。）

艾耶尔提出，道德语言的运作不同于语言在日常非道德判断中的运作方式，尽管二者表面上有相似性。例如，由于当我们说"盘子是热的""草是湿的""自行车是脏的"时，"是热的""是湿的""是脏的"在谓项位置，我们就认为它们在为我们关于世界的主张增加某种事实性的内容。看上去仿佛我们正在把世界——盘子、草、自行车——描述为具有某些特征。然而涉及道德主张时，艾耶尔写道："伦理符号在一个命题当中的出现没有为它的事实性内容增加任何东西。因此，如果我对某人说，'你偷那些钱是不对的'，这没有比我只是说'你偷了那些钱'说出更多的东西。"（*Ibid.*：142。强调由本书作者所加）

如果艾耶尔是正确的，那么当我们使用伦理谓词时，我们并没有提出任何关于世界的主张。例如，"杀人是错的""偷盗是错的""为慈善事业捐款是对的""免除发展中国家的债务是善的"这些命题，并非描述杀人、偷盗、为慈善事业捐款或免除债务这些行为具有某些特征。因此，当我们提出这样的主张时，我们是在做什么？艾耶尔的回答是，我们在表达某种情绪：

> 如果我对某人说，"你偷那些钱是错的"，这并没有比我只是说"你偷了那些钱"说出更多的东西。当我增加了那么做

是错的，我并没有就这件事做出进一步的表述。它就仿佛我以一种独特的憎恶口吻说"你偷了那些钱！"（*Ibid.*：142，强调由本书作者所加）

因此，艾耶尔说，当我们称"比尔偷那些钱是错的"，我们是在表达一种对比尔的情绪，而不是做出一个事实性的声称。他的立场因此被称为"情绪主义"。

对理解这一点来说至关重要的是，艾耶尔并不是在说道德判断描述了我们的情绪。举例来说，艾耶尔并不是说，"杀人是错的"的意思是"我对杀人感到愤怒"。如果他说的是这个意思，他就是一个认知主义者。也就是说，他就会是在声称道德判断表达了关于世界的信念，就这个例子来说，这个信念是关于"我感到愤怒"的信念。相反，他认为当我们做出道德判断，我们不是在描述什么东西；我们是在表达情绪。例如，当我判断"杀人是错的"，我是在表达我对杀人行为的愤怒。

应该记住的关键性区分是这二者之间的区分：一边是表达（expressing）——情绪主义者认为当我们做出道德判断时我们在做的事情；另一边是报告（reporting）——认知主义者认为当我们做出道德判断时我们在做的事情。我们在下文讨论情绪主义与相对主义时，这个区分变得至关重要。需要注意，每个人都接受语言有一些表达性的用法，例如，当撞到脚趾时我们喊出"哎哟！"关键是，情绪主义者认为道德语言也应该以这种方式理解。

道德真理与道德分歧

对艾耶尔来说，既不存在道德真理，也不存在道德分歧。我们依次讨论这两个方面。如果做出一个道德判断就是表达某种情绪，那么一个道德判断就不能为真或为假。让我们思考一个情绪表达的例子，比如愤怒。如果一辆巴士撞了骑自行车的某人，她跌落下来，她表达了自己的愤怒，我们可以问她是否真的感到愤怒，但是问那愤怒本身为真还是为假几乎毫无意义。这是因为情绪并不把世界描述为某种样子，因此不能或准确或不准确地描述世界。因此，艾耶尔相信，道德判断不具适真性，因为它们表达情绪，而情绪既不能为真也不能为假。他这样写道：

> 如果一个句子根本不做出陈述，问它所说为真还是为假显然就没有任何意义。我们已经看到，仅仅表达道德判断的句子没有陈述任何东西，它们是纯粹的情感表达，照此就不归在真和假的范畴之下。（*Ibid.*: 144）

关于分歧，艾耶尔认为不存在真正的道德分歧，因为当我们提出一个道德主张，我们不是在就任何东西提出主张，因此那些主张不能导致一个关于道德世界是怎样的分歧。艾耶尔会辩称，如果我相信死刑是错的，而你相信死刑是对的，那么这是情绪之间的冲突；我是在表达对于死刑的不赞成，而你是在表达对于死刑的赞成。因此相信存在真正的道德分歧，这是错误的。但是似乎人们的确卷入了对于道德议题的长期热烈的讨论，这是怎么回事呢？艾耶尔认为："如果我们仔细地思考这个事情［所谓的道德分歧］……我们发现争议并不真的是关于价值问题的，而是关于事实问题的。"（*Ibid.*: 146，强调由本书作者所加）因此，一切所谓的道德分歧实际上都是关于非道德议题的分歧。

举例来说，想象一下查尔顿·赫斯顿和迈克尔·摩尔正在进行一场关于拥枪是否在道德上可接受的热烈争论。这当然可能看上去像是个真正的道德分歧。然而对艾耶尔来说，他们产生分歧的对象，不是道德事实而是非道德事实。例如，或许摩尔认为拥有手枪导致了更高的犯罪率，但赫斯顿不同意。或者也许赫斯顿认为拥枪率的增长对经济是有益的，但是摩尔不同意。当然，对于为什么道德分歧不是真正的分歧的这个解释，并不意味着这种分歧的激烈程

度、持久性或戏剧性会有任何降低。它只是意味着，如果艾耶尔是
正确的，那么我们不应该从关于道德事实的分歧的角度来解释这些
特征。

为什么要做一个情绪主义者？

第一，因为情绪主义否认存在道德属性，它就不需要去解释道
德属性是什么，或者它们存在于何处，或者我们如何达到对它们的
认识。在这个意义上，它是一种更简单的理论。

情绪主义的第二个优势与我们在前一章末所谈到的东西有关。
似乎一个道德判断要是真正的道德判断，就必须能够使我们产生动
机。如果你们判断素食主义是对的，但是你们说"但是那跟我有什
么关系？"我们可能会认为你们并没有真的理解"对"这个词。道
德判断似乎以某种方式被内置了一种指导行为的特征（我们将在第
8 章更详细地讨论这个问题）。然而如果道德判断的确是信念的表
达——如果认知主义是正确的——那么道德判断似乎不能抓住这一
特征。

例如，我或许相信，对于给非洲国家的每 1 美元贷款，非洲国
家都必须偿还给西方国家 3 美元，但是这并不能使我有动机去采取
任何行动；我或许相信在我女儿的学校有个男孩被霸凌了，但这并
不使我有动机做什么。但是让我们把这种情况与事关情绪的情况进
行一个对比。例如，如果我对于这一事实——非洲国家为它们贷到
的每 1 美元都要偿还 3 美元给西方国家——感到愤怒，那么我很可
能要做点什么；如果我对于霸凌行为感到极其愤怒，我很可能会拜
访这所学校。表面上看起来，似乎如果情绪主义是正确的，道德判
断真的是情绪的表达，那么情绪主义就能够说明为什么道德判断能
够驱使我们行动。这是情绪主义的第二个优势。

总之，通过运用开放问题论证和证实原则，艾耶尔得出了这样的主张：道德判断是情绪的表达。由此他认为道德判断不具适真性，因此不可能存在真正的道德分歧。

情绪主义之所以具有吸引力，是因为它比实在论理论更加简单，并且有助于解释道德的实践特性。即便如此，大多数元伦理学家仍然拒斥艾耶尔的情绪主义，所以我们来看一下为何会如此。

证实原则通过了证实检验吗？

艾耶尔运用证实原则辩称，形而上学和神学语句都是无意义的。如"耶稣是世上的光""时间不是实存的"这样的一些声称，既不是潜在地可经验证实的，也不是分析性地为真的。它们是相当于"Blah，bon，do，don，wobble，flip-flop，flom"这样的废话。

问题是证实原则似乎损害着它自身。我们考虑这个陈述："如果一个主张既不是可经验证实的也不是分析性的，它就是无意义的。"这个陈述是可经验证实的或者分析性的吗？很难看出它如何可能是。看不出来有任何有利于它的经验证据，它似乎也不是分析性的。这就意味着，如果"如果一个主张既不是可经验证实的也不是分析性的，它就是无意义的"这一主张为真，那么，它本身就是无意义的。然而，如果我们想要拒不让步而仍然坚称"如果一个主张既不是可经验证实的也不是分析性的，它就是无意义的"这一主张是有意义的，那么这个主张就为假。因为至少存在一个主张，即"如果一个声称既不是可经验证实的也不是分析性的，那么它就是无意义的"这一主张，既不是可经验证实的也不是分析性的，但仍然是有意义的。

可能辩护证实原则的方法是存在的，自这个原则被首次引入以来，关于它的激烈争论就一直发生着（比如，可参看 Wright，1989）。或许证实原则是分析性的？又或者，也许我们不得不接受证实原则，因为它是语言运用的前提条件。关键是必须有进一步的论证，否则我们将失去艾耶尔之所以拒斥认知主义的关键理由。在下一节，我们将思考为什么艾耶尔认为，即使道德主张不能通过证实检验它们仍然是有意义的。

艾耶尔真的有权认为道德主张有意义吗？

艾耶尔的论点——即使道德陈述不能通过证实检验，它们仍然是有意义的——是直接矛盾于证实原则的吗？粗略地说，似乎在某种意义上，道德陈述通过了证实检验。艾耶尔认为道德陈述在一个层面上不能通过证实检验，但是在另一个层面上通过了证实检验。例如，"严刑逼供是错的"未能通过证实检验，因为它既不是可经验证实的，也不是分析性的。然而，它却不是无意义的，因为它所表达的感受和它意在激起的道德感是可证实的。

当然，这把问题转向了一个不同的层面。我们现在面对的问题是：这些道德情感（moral feelings）能否被证实？米勒（Miller，1998）主张，它们是不能证实的，因为想想我们可以怎样经验证实一种特定的道德情感，即是说，它作为通过一个道德主张而得到表达的感受。要做到这一点，我们可以反省当我们提出道德主张时我们的感受是怎样的。或许这样做时我们可以开始认识到并鉴别出一种与某些道德主张联系在一起的道德感受，因此拥有了一种证实那些感受的方法。然而，这种进路没什么用。举例来说，当我们判断下载音乐是错的时，与当我们判断打劫某人是错的时的感受是不同的。不存在一种始终如一的感受，我们能够认识到它匹配我们的每

34

一个道德词项。

或许可以改为我们能够通过思考人们的行为来经验证实道德情感？这貌似有一定的合理性，因为可以说以这种方式我们能够证实关于非道德感受的主张。例如，如果琼斯在哭，这有可能经验地证实"琼斯感到悲伤"这一主张，或者，如果琼斯欢呼雀跃，这有可能经验地证实"琼斯感到快乐"这一主张。然而，当思考道德主张时，这种方法也是无望成功的。毕竟，举例来说，什么是"杀人是错的""独裁是非正义的"或者"拒绝给予政治避难权在道德上是令人反感的"的外在表征呢？不存在与判断某个东西是错的、非正义的、道德上令人反感的相联系的可辨识的外在表征。与道德词项相联系的行为不能被用来证实道德情感。

如果我们不能通过反思或者观察外在行为来证实道德情感，那么似乎艾耶尔就已经没有其他的选择了，如此一来，道德情感就是不可证实的，道德词项就是无意义的。

最后，在结束本章之前，我们将预先提醒一些与非认知主义相联系的常见错误，以此来看一看为什么情绪主义需要做的工作可能比我们一开始认为的更多。

情绪主义、主观主义和相对主义

情绪主义不是一种形式的主观主义。主观主义指的是这样的观点：举例来说，它认为"杀人是错的"意为"我不赞成杀人"；或者"释放政治犯是对的"意为"我赞成释放政治犯"。如果主观主义者是正确的，那么当我们做出道德判断时，我们是在描述自己的心理状态，在这个例子当中就是不赞成和赞成的心理状态。

这不同于情绪主义。情绪主义是一种非认知主义理论，这意味着它认为当我们做出道德判断，我们并不是在描述什么。情绪主义并不是这样的观点：在做道德判断时，我们是在描述自己的某种特征；而是，当我们进行判断时，例如"杀人是错的"，情绪主义者声称我们是在表达自己对杀人行为的不赞成。对主观主义者来说，道德判断报告某个东西；对情绪主义者来说，道德判断表达某个东西。

明确这个区分意味着我们能够表明情绪主义不是一种形式的道德相对主义。本书的第 7 章会对道德相对主义进行更加细致的探讨。目前，我们可以把相对主义者看作提出如下主张的人：

> 伦理真理是以某种方式相对于学说、理论、生活形式（或者说"有机体的漩涡"）构成的背景体系而言的，它表达的是这样的观念：在伦理学中不存在一套真学说。只存在不同的观点，其中一些对某些人"为真"，而另一些对另外一些人"为真"。（Blackburn，2000：38）

如果相对主义是正确的，我就可以说"杀人是错的"而同时比尔可以说"杀人是对的"，并且我们两人可能都是正确的。然而，相对主义并不是情绪主义的一个后果，毋宁说它是主观主义的一个后果。我们可以从主观主义的角度来思考上面最后一个例子。对主观主义者来说，当我说"杀人是错的"，我的意思是"我不赞成杀人"，而当比尔谈到同一件事，他的意思是他赞成杀人。结果，如果我不赞成杀人而比尔赞成杀人，我们两人说的可能都是真的。但是正如我们已经看到的，情绪主义并不承诺主观主义，并且因此情绪主义可以规避相对主义指控。

道德真理的缺乏，可能会被认为是情绪主义者面临的一个困难；下一节我们会考虑这个问题。在这里问题的重点是，情绪主义不是一种形式的主观主义，因此它可以规避相对主义指控。

情绪主义与道德真理

直觉上看，真理似乎是与实存（what is real）联系在一起的。

如果我说"正在下雨",直觉上使得这一陈述为真的就是确实正在下雨这个事实。如果我的惊呼"我刚刚把咖啡洒到我的手提电脑上了!"为真,那么这是因为我确实刚刚碰倒了自己的咖啡,让它洒到了自己的手提电脑上。这暗示,在形成理论之前我们就接受了关于真理的符合论(*correspondence theory of truth*),粗略地说,就是认为存在一个"真"属性(a property of truth),如果判断与世界符合,它们就具有那种属性(更详细的探讨可参见 Engel,2002)。

关于真理的符合论是到目前为止本书的讨论所使用的真理观。如果我们接受它并且接受情绪主义,那么道德判断就不可能具有适真性,因为情绪主义者认为道德判断并不描述任何东西,因此不能或未能符合于任何东西。

这表明情绪主义者可以接受一种不同的真理论,并以此开辟道路以使道德主张可以为真或为假。关于真理的最小主义(*minimalism about truth*)在非认知主义者中是最受欢迎的备选真理说明。这种说明之所以是最小的(minimal),是因为在这样一种描述说明下,即使不存在使得一个主张为真的事实,这个主张也可以为真。严格来说,对主张最小主义的人来说,"什么使道德主张为真?"的答案是"没有"。对主张最小主义真理概念的人来说,"'杀人是错的'为真"就意味着杀人是错的,问杀人是否是错的就是问我们是否应该接受杀人是错的。接受最小主义真理概念允许情绪主义者谈论道德主张为真。我们将会在第 6 章讨论关于真理的最小主义和关于适真性的最小主义。

然而,对情绪主义者来说这里仍然存在一个难题。上文我们说过,情绪主义通过指出道德主张不为真可以规避相对主义指控。然而在本节中,我们已经表明通过拒斥关于真理的符合论,情绪主义者可以使用道德主张为真这样的话语。这样可能就存在一个对情绪主义者而言的两难处境:如果他们想要规避相对主义,那么他们就不得不放弃道德真理;如果他们想要说明道德真理,那么他们就是相对主义者。

结　语

　　道德驱使我们行动，情绪也驱使我们行动。因此，情绪主义——也就是认为道德判断表达情绪的观点——可以抓住道德的实践性。它可以既做到这一点，又同时回避关于道德属性和事实可能是什么，以及我们可以怎样去认识它们的问题。

　　情绪主义声称，语言愚弄我们，让我们认为认知主义和实在论是正确的，而实际上它们并不正确。这意味着在决定是去维护还是放弃情绪主义时，我们应该做一个决定：要怎样进行元伦理学研究。我们是否乐意重视像情绪主义这样的一种理论吗，即便这使我们不得不声称"人们对于他们的道德言说是怎么一回事的理解是错误的"？还是毋宁说我们更应该强调这一事实：我们的日常言谈方式仿佛认知主义和实在论是正确的？我们将会在第 6 章看到，非认知主义发展的故事，就是尝试找到一条道路以穿越理论和实践这两个迫切需要的故事。

　　然而，情绪主义并不是唯一与我们的日常道德言谈分离的理论。错误论声称，我们的全部道德判断系统地、一律地（systematically and uniformly）是虚假的（false）。当我们说"杀人是错的"或者"为慈善事业捐款是对的"，我们所说的是虚假的。下一章我们将探讨这个听起来有些极端的立场。

记忆要点

- 情绪主义不是这样的观点：当我们做出道德判断时，我们是在描述自己的情绪，或者描述其他心灵状态。
- 证实原则是关于意义而不是真理的。
- 情绪主义不是一种形式的相对主义或主观主义。
- 艾耶尔认为道德主张是有意义的。

- 所谓情绪主义者不只是指这样的人：他比认知主义者更认为道德是情绪性的。认知主义者认为情绪可以在道德中发挥核心作用，但是表达情绪不是道德判断的首要作用。
- 每个人都接受语言有某些表达性用法，但是情绪主义者主张对道德语言也应该这样理解。

进阶阅读

情绪主义的经典表达，参见 Ayer（［1936］1974：ch. 6）；情绪主义的另一位关键人物是 Stevenson（1937，1944）；Hare（1952）把情绪主义理论发展到规约主义；Rogers（2000）关于艾耶尔生平的传记丰富而有趣；Miller（1998）联系情绪意义对证实原则进行了讨论；Miller（2003：ch. 2）还对围绕情绪主义的诸多议题给出了一个很好的全面考察；对逻辑实证主义的出色的一般性讨论，可参见 Ayer（1959）和 Miller（2007：ch. 3）；围绕道德分歧的详尽细微的讨论，参见 Tersman（2006）；关于真理论的一个出色考察，参见 Engel（2002：ch. 1）；关于非认知主义发展的清晰讨论，参见 Schroeder（2010：chs 1，2）。

思考题

1. 科学与哲学之间的关系是怎样的？
2. 什么是证实原则？
3. 认知主义与非认知主义之间的区别是什么？
4. 存在真正的道德分歧吗？
5. 情绪主义的优缺点是什么？
6. 情绪主义、主观主义和相对主义之间的区别是什么？
7. "道德情感"概念讲得通吗？
8. 你可以是个其他领域，比如艺术或音乐领域的情绪主义者吗？如果你是，这样一种说明（情绪主义说明）看上去会是怎样的？

错误论

〰〰〰〰〰〰〰〰

> 在我看来毫无疑问，我们的伦理判断都声称自己具有客观
> 性；但是依我之见，正是这个声称使得它们全都成为虚假的。
>
> —— 罗素（Russell，［1922］1999：123）
> 根本不存在客观价值。
>
> ——麦凯（Mackie，1977：10）

本章目标
- 解释为什么错误论接受认知主义。
- 解释为什么麦凯拒斥客观价值。
- 概述对于错误论的一些担忧。
- 概述错误论可能带来的一些影响。

引　言

本章我们将讨论约翰·麦凯在其《伦理学：发明对与错》
（*Ethics：Inventing Right and Wrong*，1977）中提出的错误论。他
认为：

1. 道德判断表达信念因此具有适真性（认知主义）。

2. 根本不存在客观道德价值（非实在论）。

这导致他声称：

3. 全部道德判断系统地、一律地是虚假的。

我们将依次考察这些主张，然后对从麦凯的解释中产生的诸多问题进行讨论。

约翰·L. 麦凯（1917—1981）

- 1967—1981：牛津大学学院研究员。
- 关键文本：《伦理学：发明对与错》（1977）。
- 辩护错误论，即如下观点：（1）道德判断将世界描述为包含客观的道德价值，但是（2）世界并不包含这样的东西。因此，我们的全部道德判断系统地、一律地是虚假的。

为什么要做一个认知主义者？

错误论者之所以觉得认知主义具有吸引力，部分是因为他们发现非认知主义过于缺乏吸引力。理查德·乔伊斯作为一个错误论者兼虚构主义者（fictionalist）写道，非认知主义"含有这样一种意味，仅仅为了避免哲学上的困难就以一种古怪的方式解释一种话语"（Richard Joyce，即将出版的著作：3）；并且非认知主义：

> 未能充分地满足元伦理学的某些迫切需要。在说明道德的权威性上它有困难：如果 S 说"偷盗在道德上是被禁止的"仅仅等于 S 的感受的一个表达（"呸！偷东西"），那么为什么一个先前无意于关心 S 的感受的人现在应该理会这件事呢？（*Ibid.*）

相比之下，认知主义并不要求关于道德话语的某种解释能够有理据地尊重我们对真理、错误和分歧的谈论，能够说明道德的权威。因此，这也意味着认知主义不受弗雷格—吉奇问题（the

Frege-Geach problem）的挑战，而非认知主义则要面对弗雷格—吉奇问题的挑战（参见第 6 章）。这暗示了赞成认知主义的一个动机；不过，为什么拒斥客观道德价值的存在呢？麦凯有三个对于实在论的挑战，我们将称其为相对性挑战、古怪性挑战和认识论挑战。

相对性挑战

麦凯要求道德实在论者解释，如果说存在客观道德价值的话，为什么不同的人、群体和文化具有不同的道德准则。例如，黑手党成员认为令家族蒙羞是令人憎恶的，但是对于处决告密者却满不在乎；在某些文化中，强暴女性、杀婴都是可接受的，但显然这些行为在西方不会被描述为可接受的行为。因此，如果存在客观的道德价值，我们如何解释这种观点分歧呢？

道德实在论者可以指望科学，因为我们是关于科学事实的实在论者；但是同样存在许多不同的科学信念，例如关于反物质是否存在的争论，关于宇宙起源的最佳理论的争论，关于细胞上的鞭毛如何进化的争论，等等。然而，与科学的这个类比，与其说帮到了错误论者，不如说仅仅是突出了麦凯的挑战的力量。因为尽管在科学中存在各种各样的观点，我们还是认为如果人们知道所有的事实并且进行正确的推理，那么他们就能够达成一致。然而在道德情形中却不是这样。可以说，在道德情形中，两个人可以就所有的事实达成一致并且正确地推理，但是仍然具有不同的道德观点。

例如，如果史密斯医生和琼斯医生在关于堕胎的所有事实上都观点一致，并且都正确地进行推理，似乎仍有可能他们会对堕胎在道德上是否可接受具有不同的观点。实在论者需要解释，如果存在客观的道德价值，具有完全信息和类似推理能力的人们，如何能仍然存在分歧。在随后的几节中，我们将思考另外两个对于实在论的进一步挑战：古怪性挑战和认识论挑战。

如果道德价值存在，它们会是什么样的？

想象一下我们正在跟一个孩子讨论圣诞老人，但是她不相信圣诞老人存在。她可能会试图通过问圣诞老人是什么样的搞清楚他是否存在。他是高是矮，是胖是瘦，他是不是很大声，是不是有胡子，他穿绿色衣服还是红色衣服？只有这个孩子对于圣诞老人是什么样子——如果他存在的话——具有了某种观念，她才可能开始自己的寻找。

在思考道德时，麦凯采取了一种类似的进路。如果想要发现客观的道德价值是否确实存在，我们首先需要问，当我们说道德价值时我们意指什么。麦凯的古怪性挑战就是：一旦我们先理解了道德价值必定会是怎样的，我们就只能推断出它们根本不存在。那么，麦凯怎么看待人们说到道德价值时的意思呢？

我们对道德价值的描述的第一个特点是：它们会独立于我们的信念。举例来说，让我们想象这样一个道德判断：捐钱给军火交易是错的。我们并不相信，如果有足够多的人相信它是对的，它就会突然变成对的。我们会这样说，比如，"不管人们怎么想，捐钱给军火交易就是错的"。

第二个特点是：道德价值对我们必须是可及的（accessible）。声称道德价值存在但它们是不可知、不可及的，这是无济于事的。

第三个特点是：如果道德价值存在，它们就必须能够给我们以某些方式行动的理由。例如，如果棒杀海豹是错的，那么这就是一个不要去那样做的理由；如果为慈善事业捐款是对的，那么这就是一个去为慈善事业捐款的理由。然而，此处我们务必小心不要错失麦凯的要点。

想象一下，非法侵入大学计算机系统把你们的成绩改为 A 在道德上是错误的。因为我们已经认为那是错的，我们就可以说那是一个不要这么做的理由。这样一来，关于道德理由古怪的地方在于，它们似乎是不敏于（insensitive）我们的欲求的。例如，想象一下，我们对校长说，我们真的想有好成绩。校长有可能耸耸肩说："哦？那又怎样？"关键在于，想要 A 并不改变我们有理由不去非法侵入计算机系统的事实。道德价值的给予理由（reason-giving）这一面，似乎不论我们有什么样的欲望，都对我们有约束力。但是如果这是正确的，道德价值的给予理由这一特点存在于何处呢？麦凯认为，它必定是价值本身的一部分：

> 一个客观的善之所以会被任何了解它的人寻求，不是因为任何偶然性事实：这个人或每个人［都］是如此构造的——他欲求这个目的；而只是因为"待实现性"（to-be-pursuedness）已经以某种方式被内置于这个目的当中。（1977: 40，强调由本书作者所加）

如果以上都是正确的，麦凯就拥有了对于如果道德价值存在它们会是怎样的一个描述：它们将必定是独立于我们的，对我们是可及的，具有某种给予理由的内在特征。下一节我们考察麦凯的这一主张：如果道德价值必定是这样的，那么它们不存在。

古怪性挑战：为什么根本不存在客观的道德价值？

43

麦凯声称，道德价值不存在。他的推理是："如果存在［客观的道德价值］，那么它们将会是一种非常奇怪的、完全不同于宇宙当中的其他东西的实体、品质或关系。"（1977: 38，强调由本书作

者所加）

　　如果是第一次读到这段引文，我们可能觉得显然平平无奇！它听上去并不特别精细或有说服力。判断某个东西"古怪""奇怪"或"完全不同"，并不意味着我们应该认为它不存在。

　　在上面那段引文中麦凯提出了两点主张。一个是关于"奇怪性"（strangeness）；另一个是关于"完全不同于宇宙当中的其他东西"。这二者是有区别的。专注于"奇怪性"没有什么帮助，例如，探测术（dowsing）看上去是奇怪的，对世贸中心双子塔的恐怖攻击之后引发争论的 7 号塔楼的倒塌是奇怪的，但是这并不导致对探测术或倒塌建筑的存在的怀疑。

　　我们可以这样解读麦凯的主张：道德价值，如果存在的话，必定会"完全不同"于宇宙之中的其他东西。首先，这看上去并没有好很多。毕竟，我也不同于宇宙中的其他东西：我是独一无二的。大概我们也可以认为除了人以外，还有许多其他的东西是"完全不同"的——比如鸭嘴兽。然而这并不使得我或鸭嘴兽的存在变得可疑。

　　理解麦凯的观点的方法是注意"完全不同"中的"完全"一词。尽管某种意义上我是不同的，我并不是完全不同于宇宙中的其他东西。我的许多特征与其他东西是一样的：我是一个人类，我有腿、手臂，进行食物的新陈代谢。鸭嘴兽是不同的——它下蛋，分泌毒液，是哺乳动物，但并不是"完全不同"。毕竟，这些特性中的每一个都可以出现在其他生物身上。然而，如果麦凯是正确的，那么道德价值将必定是完全不同的，他认为这一点使得它们的存在变得可疑。

　　为什么麦凯会这么想？道德价值将不得不是独立的、可及的，并且给我们行动理由，这个事实乍一想似乎并非"完全不同"。我们以哲学系的咖啡机为例。如果我口渴了，那么我就有一个理由去员工休息室；员工休息室有那台咖啡机是个可及事实；当我在家里

喝着咖啡时，我仍然相信有一台咖啡机在工作。似乎我们就拥有了 44
一个事实——在员工休息室有一台咖啡机，这个事实具有麦凯鉴别
为道德价值之特征的那些特点：它的存在是独立于我们的想法的，
我们可以慢慢了解这台咖啡机，它可以给我们行动理由。但是我们
不认为咖啡机是完全不同于宇宙中的其他东西的，而且它们当然存
在。这是怎么回事呢？

　　道德价值是完全不同的，咖啡机不是完全不同的，原因是道德
价值具有"待实现性"。尽管的确咖啡机可以给我们去拿一杯咖啡
的理由，但是这个理由依赖于我是不是渴。如果我喝了一瓶水，我
有理由去拿一杯咖啡就不会仍然为真。这种情况与事关道德价值的
情况形成了对比。麦凯认为，如果道德价值存在，不管我们的心理
状态是怎样的，它们都会给我们一个行动理由。

　　回想一下非法侵入大学计算机系统那个例子。知道那是错的允
许我们断定我们有理由不那么做。重要的是——不像事关咖啡机的
事实——得出这个结论之前我们不需要考虑人们的欲求。这有助于
我们看清为什么麦凯认为道德价值会如此古怪。

　　思考一下我们所经验到的一切：它们或者因为我们有某些欲
望（比如口渴并且有咖啡机）而指导我们；或者它们独立于我们的
欲望，对我们完全没有指导作用。我们从来不曾经历过——并且或
许不能理解——的是某个东西同时具有这些特点。一个东西如何可
能既独立于我们又给我们理由以某种特殊的方式行动？麦凯的观点
是，给定我们对于道德价值的这种描述，如果它们存在，那么它们
就不得不是这个样子。因此他断定，我们有好的理由认为道德价值
不存在。

　　我们现在有两个对于道德实在论的挑战：从道德观点多样性出
发的挑战和从古怪性出发的挑战。麦凯的最后一个挑战是：我们永
远不可能具有关于道德价值的知识，即使它们的确存在。

45 **认识论论证：即使存在道德价值，我们也不能认识它们**

麦凯对实在论的第三个挑战是他的古怪性论证的一个结果。回想一下，道德价值的可及性是我们对道德价值的"任务描述"的一部分。然而如果道德价值"完全不同于宇宙中的其他东西"，那么，麦凯认为我们获取（access）它们的方式必定会完全不同于获取事物的任何常态方式。麦凯认为如果道德价值是古怪的，获取它们的唯一方式将会是通过一种特殊的官能，他称之为"道德直觉"。他是这样描述它的：

> 我们对感官知觉或内省的任何日常描述，对解释性假说或推理的构造和证实，我们的逻辑构建或概念分析，或者这些方面的任何一种组合，这些没有一个能够［对我们如何可能获取道德价值］提供令人满意的答案。（1977：39）

然而，他认为，设定一种特殊的官能会是一种"对于实际的道德思维的歪曲（travesty）"——它显示了对于参与成熟的哲学对话的不情愿（尽管不幸的是他并没有解释为什么是这样）。

这样，对麦凯来说，我们不仅可以拒斥客观道德价值的存在，而且可以声称，即使它们的确存在，我们也永远不能认识它们！但是我们已经同意，能够被认识是道德价值的内涵的一个必不可少的部分。因而，我们有极好的理由拒斥实在论。

道德判断系统地、一律地是虚假的吗？

现在让我们把迄今所讨论的各个部分合并到一起。道德判断表达关于客观道德价值的信念（认知主义），并且存在好的理由认为客观道德价值不存在（非实在论）。但是如果不存在任何东西符合我们的道德判断，那么那些判断就都是虚假的。

麦凯并不是在声称，任何包含道德词项的句子都是虚假的。例如，"所有'x 是错的'形式的判断都将是虚假的"［这个句子］就会为真。他的主张毋宁说是，全部道德断言都系统地、一律地是虚假的。

道德错误论（moral error theory）是一种极端的立场。这种观点认为以下陈述全都是虚假的：

- 诱拐和折磨孩子在道德上是错的。
- 向饥饿家庭提供饥荒救济在道德上是善的。
- 把人们锁进教堂然后从窗户扔进汽油弹是邪恶的。
- 救助困于洪水的男孩在道德上是对的。

错误论者会立刻提醒我们，他并不是说折磨孩子是对的，为慈善事业捐款是坏的，救助一个困于洪水的男孩是错的。因为他主张的是根本不存在道德真理。即便如此，似乎错误论也是完全违背我们言谈和思考的方式的。确实，我们可能相信，如果麦凯的推理把我们带向了这样一个结论，那么它必定在哪里出了错。这种思路我们会在下文中继续讨论。在此之前，我们来考察一个不同的问题。

如果全部道德主张都是虚假的，那么为什么还要遵循道德？

如果我们已经读了麦凯并开始相信我们的全部道德主张都是虚假的，我们应该怎么做呢？更加重要的是，为什么不干脆完全放弃道德言谈？麦凯的回答本质上是这样的：我们应该继续相信道德——尽管它是虚假的，因为这样做是服务于一个目的的。特别是，道德调节人际关系，控制人们的行为，帮助我们抗拒诱惑从而获得安全感。错误论理论家可以把道德当作了使社会运转起来所需的胶黏剂；如果道德真理的幻象消失了，这个胶黏剂就会失去黏性。错误论主张，道德实践通过其有用性而不是其为真性

（truthfulness）得到证成。

这引起了一些关于道德价值的特别有趣的议题，我们将在第10章讨论虚构主义时讨论这些议题。现在我们将考察一些反对错误论的论证——它们并不是面面俱到，但可以让我们对一些关键议题先稍有认识。

47　麦凯在多大程度上依赖日常道德言谈，又在多大程度上忽视它？

在错误论者的方法论中似乎存在一个冲突。我们再来思考一段引文（这段引文的一部分我们已经在本章第一节的一开始看到过）："令许多……错误论理论家……对非认知主义者的回应感到不安的是，它［非认知主义者的回应］含有这样一种意味：仅仅为了避免哲学上的困难就以一种古怪的方式解释一种话语。"（Joyce，即将出版著作：3）因此，错误论之所以接受认知主义，部分是因为它原原本本地尊重我们的道德实践。但是如果这一想法要从日常言谈开始，那么，似乎错误论者就可能面对一个难题。

毕竟，不仅存在一个赞成认知主义的推定论证（presumptive argument），还存在一个赞成实在论和真理的推定论证。大多数人都会有这样的表达："事实上杀人就是错的"，或者"扣留人质真的是恶劣的"。因此，如果错误论者的起点是人们言谈的方式，那么赞成认知主义而不是实在论或道德真理，看上去就是特设性的（*ad hoc*）。

此外，从人们如何言谈出发，似乎有反对麦凯所称的道德价值的"待实现性"的证据。让我们想象这样一个情形：某人本来答应要去酒吧会一个朋友，但是却得了临床抑郁症，结果他根本没有时间兑现去酒吧会朋友的承诺。我们会认为这个人仍然有理由去酒吧吗？错误论者会说，如果信守承诺是好事，那么是的，这个人有理由去酒吧，因为一种给予理由的力量是良善性的构成部分。但是我认为可能这个问题的答案并不是这样明确（第 8 章我们讨论规范性和动机性理由时会更详细地探究这些议题）。毋宁说，可能会有许多人认为由于这个人得了抑郁症，他不再有理由守诺。这类的例子表明，道德价值的给予理由的性质并非不敏于人们心理状态的偶然性。因此，基于对人们如何思考和言谈的考察可知，如果道德价值存在，它不会必须具有"待实现性"作为其构成部分。这会清除掉关于道德价值之古怪性的主要主张。

这并不是一个实质性的论证，然而是一个以向错误论者提出问题的方式提出的挑战，亦即，在尝试构想对于道德价值的描述时你们听的是谁的话？

然而，即便麦凯可以回应这个挑战从而找到一个走出这个方法论担忧的办法，仍然存在进一步的问题。

挑战古怪性论证：古怪有什么不可以？

> 我本人怀疑，宇宙不仅比我们以为的更加古怪，而且比我们"能够"设想的更加古怪。

> ——霍尔丹（Haldane, 1928: 10）

为了便于论证，让我们想象这样一个情形：经过数年的沉思之后，你断定柏拉图主义为真，你相信善的理念是存在的（参见《理想国》，508c—509a）。因此，当麦凯把道德价值描述为客观的、可及的，以及内在地具有指导行为的特性时，你说："是的，我相信就是这样。"

那么，麦凯会怎样反驳你呢？很难看出麦凯会说什么，除了"好吧，你所说的善的理念'完全不同于宇宙中的其他东西'"。但是这一点你早就知道了！事实上，这样想似乎是合情合理的：柏拉图主义之所以具有吸引力，恰恰是由于这个原因；例如，人们可能认为，它是完全不同的，这个事实有助于人们尊重道德的独一无二性和庄严性。

那么，麦凯的论证是怎样进行的呢？某种程度上，麦凯预设了自然主义。我们把自然主义定义为这样的观点：唯一可能存在的东西是自然科学或心理学乐于当作对象的东西。这样界定之后，断定道德价值——像麦凯所设想的那样——并不存在，看上去就可能是合理的。毕竟，可以说科学的世界图景并不包含具有"待实现性"作为其构成部分的东西。在使这一假设变得明晰的过程中，我们可以看到，麦凯的古怪性论证成功与否，取决于他对自然主义的辩护。

挑战古怪性论证：麦克道尔论麦凯的"'实存'意味着独立于心灵"假设

粗略地说，麦凯的论证类似这样：

1. 如果道德价值是实存的（*real*），那么它们就是独立于心灵的（*mind-independent*）；也就是说，即使人不存在，它们也会存在。

2. 但是这会显得过于古怪，因此道德价值不可能独立于心灵。因此，

3. 道德价值不可能是实存的。

约翰·麦克道尔（1998）通过挑战（1）提出了反对这类推理的论证。他认为，道德价值可以是实存的但也依赖于心灵。他为此而去寻找不受指控的同类者（*companions in innocence*）。他特别请我们思考第二性的质（secondary qualities），比如色彩。

我们以奥林匹克五环上的色彩为例来做个考察。这些色彩是实存的吗？似乎是。如果某人说"其中的一个环是紫色的"，我们

49

可能反驳说："不，你错了，那是红色的。"也就是说，我们言谈和思考的方式，就好像那个环是红色的是一个真正的事实似的。于是可推出：如果麦凯的论证思路是正确的——具体说如果我们承认（1）——那么，鉴于色彩是实存的，它们将必定是独立于心灵的。

　　然而，这看上去难以置信。我们认为奥林匹克旗帜上的环本身是红色、蓝色、绿色、黄色和黑色的吗？也就是说，我们能不参照人们的任何知觉来理解这个关于它们的色彩的主张吗？大概是不能的，因为当我们说其中的一个环是红色的时，我们的意思是那个环在一个正常条件下的正常感知者看来会是红色的。

　　注意我们仍然可以坚持，即使人类不再存在了，那个环依然会是红色的，因为这只是说，如果人还存在，他们就会判断那个环是红色的。因此，一个关于某个东西有某种色彩的主张，貌似将不得不参照人们对色彩的知觉。色彩因此似乎是依赖于心灵的。

　　至此我们得出了两个观点——如果麦凯论证中的推理是正确的，这两个观点就是相互冲突的。第一个观点，色彩是实存的；第二个观点，色彩是依赖于心灵的。麦克道尔的解决办法是声称，如果放弃麦凯的假设——如果某个东西是实存的，那么它就必须是独立于心灵的——就根本不存在冲突。如果麦克道尔是正确的，那么我们就有了空间去主张道德价值可能仅仅因为人类存在而存在，但是仍然认为它们是实存的。

　　对于这一点，我们需要多说几句。如果麦克道尔是在声称，所有依赖于我们心灵的东西都是实存的，那么他的观点就显得有些荒唐。毕竟，某人在 LSD 带来的迷幻体验中可能感受到的幻觉是直接依赖于他的心灵的，但是尽管这个幻觉是实存的，她所幻觉到的东西却不是实存的。因此，麦克道尔需要的是一种方法，来区分非实存的东西（比如幻觉）与实存的东西（比如价值）。他通过观察我们如何体验和谈论幻觉与价值来做到这一点。

　　例如，当我们说到亨德里克斯漂浮在沙发上方，并不是好像这个事态不依赖于我们的经验而实存。我们并不认为当毒品被代谢出我们的身体后亨德里克斯会仍然在那儿。反之，如果我们认为拷打人是错的，我们说到这一点时的确好像它就是错的，不管我们自己或任何其他人怎么想。也就是说，在我们的道德话语中，我们在事物看上去是怎样的与它实际上是怎样的之间腾出空间，但是当说到幻觉时，我们是不这么做的。

此外，人体验道德价值的方式似乎不同于幻觉。如果我们看到有人在踢猫，那个行为的错误性（wrongness）似乎就以某种方式"在那里等我们体验到"（McDowell，1985）。现在我们把这个情况与看到幻象的情形做个对比。在后一种情况下，我们幻觉到的东西并不被体验为世界的一部分。换言之，幻觉的现象学似乎指挥心灵的目光向内，而道德经验的现象学似乎指挥心灵的目光向外朝向世界。当然，这种说法是粗略的和比喻性的，麦克道尔花了大量的时间尝试提出更多这样的建议。然而，它至少开始去发展一种区分依赖于心灵的实存与依赖于心灵的非实存的方法。这反过来允许我们在价值与幻觉这样的东西之间划出界线，这种划分又支持了道德价值可以依赖于心灵但仍然是实存的主张。

最后，人们应该提防过度解读与第二性的质的类比，这个类比的引入只是为了强调关于实存性和心灵依赖的见解。麦克道尔和其他采取这一路线的理论家——有时被称为敏感性理论家（sensibility theorists）——并不认为（举例来说）我们能够像知觉颜色一样地来知觉价值。并且，尽管我们认为某个东西是红色的，当且仅当一个正常能动者在正常条件下判断它是红色的，这对道德说明却是不充分的。例如，麦克道尔在尝试搞明白价值如何依赖于人的时候，引入了这样一个概念：来自人们的应得反应（a *merited response*）（McDowell，1998）。

总之，如果麦克道尔是正确的，那么道德价值的实存性或许依赖于我们的情绪和态度，但是这一点并不使其实存性打折扣。特别是，我们不应该认为对心灵的依赖毫无异议地导致这一主张：道德价值只是投射或幻觉。然后我们就能够拒斥麦凯的推理路线，因为道德价值并没有他想得那么古怪。但是这一点需要的解释和辩护，是这里的空间远远不能容纳的。 51

挑战从古怪性出发的论证：一种摩尔式转移

最后，可能存在一种更加直接的挑战错误论的方式。这个进路严肃对待如下想法：如果我们的推理导致这样的结论——全部道德判断都系统地、一律地是虚假的，那么我们的推理是有问题的。

这个以摩尔命名的论证策略被称为"摩尔式转移"。摩尔最先在认识论当中使用了这个策略来反对那些相信我们对于外部世界什么都不可能知道的人（Moore，1939）。在提出了一系列论据之后，怀疑论者声称，对于外部世界，我们并不知道我们以为自己知道的那些东西。我们不知道自己有两只手；不知道在花园的另一头有一只猫；不知道天上有个太阳。摩尔认为，如果怀疑论导致这种结论，那么我们就有理由拒斥怀疑论。他是这样论证的：

1. 我知道我有两只手，我知道在花园里有只猫，我知道天上有个太阳。

2. 如果怀疑论者是正确的，那么我就不能知道我有两只手，不能知道在花园里有只猫，不能知道天上有个太阳。

因此，

3. 怀疑论者的论证是有问题的。

这个论证是有效的，尽管它是否坚实仍有待观察。这里的建议是：我们或许能够利用这种形式的论证来反驳错误论。它可以以如下方式展开：

1. "油烹小孩以取乐在道德上是错的"为真。

2. 如果错误论是正确的，"油烹小孩以取乐在道德上是错的"不为真。

因此，

3. 错误论是有问题的。

这个论证仍是有效的，但是当然，我们现在必须决定是接受道德的真还是接受错误论的真。这根本上将依赖于有什么理性根据，相对于接受错误论的真来说更应接受"油烹小孩以取乐在道德上是错的"的真。例如，我们可能认为，相信我们能够知道某些道德主张为真，至少是与相信没有任何道德主张为真一样理性——在这种情况下这种摩尔式转移的进路就会对错误论者形成挑战。

结语

道德错误论源自三个看似合理的观点。第一个是认知主义，也就是这样的观点：道德判断表达信念，其目的是对实存的某个部分进行描述并因此具有适真性。第二个是非实在论，也就是这种观点：它认为不存在任何符合我们的道德信念的道德价值。第三个是认为真理涉及与事实的符合。这三个观点导致了如下极端结论：道德主张系统地、一律地是虚假的。当进一步讨论这个问题时，我们可以对认知主义、非实在论或关于真理的符合论提出质疑；但我们还是以一个概括性的评论来结束本部分。

在引言部分，我们将元伦理学刻画为描述性的、没有直接的规范性意涵的。我提出，元伦理学家就像足球专家，而不是像运动员或裁判员。元伦理学试图充分抓住，遵循道德时我们是在做什么。然而，错误论给这种特征刻画施加了压力，因为认为得知我们全部的道德主张都是虚假的不会对作为道德能动者的我们产生直接的冲击，这似乎是幼稚的。接受错误论似乎导致如下紧迫问题："我们现在应该怎么做呢？"这是一个规范性问题。

尽管我们终止了对于这一点的回答，但错误论似乎要求对它做出某种回应，这反过来又提出了关于规范伦理学和元伦理学之间关系的有趣问题。

许多哲学家认为，错误论只应该万不得已才被接受。因此，他们可能支持道德属性的存在和道德主张的真理性。在下一章，我们将讨论这样一种实在论立场看上去会是怎样的。

记忆要点

53

- 认知主义是这样一种观点：它认为道德判断具有适真性，而不是声称道德判断为真。
- 即使错误论为真，我们也能构造包含道德词项但仍然为真的句子，例如"所有认为杀人是错的判断都是虚假的"。
- "待实现性"这个内在性质被认为是古怪的。
- "实存的"不必意味着独立于心灵。
- 麦凯不认为我们应该不再做有道德的人；错误论并不是对偷盗、杀人等的一个许可。
- 麦凯不认为我们可以因为人们具有不同的道德观点而拒斥实在论。他的主张其实是更弱的：不同道德观点的存在对实在论提出了挑战。

进阶阅读

麦凯观点的详细阐释，参见 Mackie（1977：chs 1，5）；对麦凯的观点出色的考察，参见 Miller（2003：ch. 6）；错误论近期卷土重来，参见 Joyce & Kirchin（2010：esp. "Against Ethics"），

Daly & Liggins（2010）。关于道德属性之"古怪性"的一个经典辩论，参见 Brink（1984）和 Garner（1990）。关于现代错误论的一个很好的辩论，参见 Finlay（2008）和 Joyce（即将出版）。对于错误论的不懈辩护，参见 Joyce（2001）。

思考题

1. 人们为什么有可能接受认知主义？
2. 你认为两个人可以对所有的事实有共识并且能够正确地推理，但是仍然具有不同的道德观点吗？
3. 为什么麦凯认为，如果道德价值存在，它们就是古怪的？
4. 麦克道尔说，某个东西可以是实存的，同时仍然是依赖于心灵的，他的这种观点正确吗？
5. 如果我们所有的道德主张都为假，为什么人还要有道德？
6. 在比如数学、美学或神学等其他领域做一个错误论者，会有帮助吗？

第4章

道德实在论和自然主义

~~~~~~~~~~~~~~~~~~~~

> 如果曾经存在关于如何理解"实在论"(作为一个艺术哲学术语)的共识,这个共识无疑现在已经被各种争论所施加的压力弄得支离破碎;这些争论是如此之多,以至于一个断定自己——举例来说——是一个关于理论科学或伦理学的实在论者的哲学家,他所成就的,对大多数哲学听众来说,或许跟清了清嗓子差不多。
>
> ——赖特(Wright,1992:1)

本章目标

- 解释道德实在论。
- 解释自然主义版本的道德实在论的吸引力所在。
- 概述一种赞成道德实在论的推定论证。
- 解释分析性实在论(analytic realism)和综合性实在论(synthetic realism)的区分。

引 言

道德实在论者是认知主义者,尽管如麦凯向我们表明的,并不是所有的认知主义者都是实在论者。道德实在论者认为,道德属性是实存的，并且认为这些属性在某种意义上是不依赖于人们思考、相信或判断的内容的。然而，说一个道德属性是实存的是什么意思呢？首先，它看上去像是一个相当奇怪的主张，因为如果我们想到的是那些似乎毫无疑问实存（至少对非哲学家来说）的东西，比如桌子、足球或路灯，那么，认为道德属性与这些东西属于同一类会显得匪夷所思。之所以如此，是因为好像不太可能会在上班的路上碰见"错误性"（wrongness），或者仿佛"正确性"（rightness）可以遮挡我们欣赏日落的视野，或者"良善性"（goodness）可能被困在电梯里，或者"恶劣性"（badness）干扰我们的电视信号。事实上，许多人对道德实在论失去兴趣，恰恰是因为它们不能理解道德属性的实存会是什么样的。

然而，稍经反思就可以发现，通过类比于桌子、路灯等而拒斥道德属性的实存，会过于轻率。为了看清楚为何如此，我们来看一看下面这些东西是否实存：

- 爱
- 社会
- 赤道
- 数字
- 质子
- 时间

如果你对其中的一些回答"是"，那么似乎我们需要对"实存的"可能意味着什么进行更加仔细的思考。毕竟，即便我们认为质子是实存的，我们实际上也不会"碰到它们"。我们闻不到它们、看不到它们，当我们在世界中运动时它们也不会直接妨碍我们。或者我们再来看看列表中提到的另一项——赤道。大概我们可以认为赤道是实存的，然而飞机不必为了规避它而飞得更高。因此，那些如此认为——道德属性不可能是实存的，因为这样一个东西如果实存的话就太奇怪了——的人应该思考一下上面那个列表，问一问他们自己，称某个东西为"实存的"实际上会令我们承诺什么。那个列表表明，我们认为实存的东西，远远超出足球、桌子、路灯之外。称道德属性为实存的，因此可能并不像一开始看起来那样奇怪，本章的讨论会不断回到这个主题。如何思考道德属性的实存性呢？我建议可以从我们如何思考和言谈开始。

一个支持实在论的推定论证

独立性

当我们提出道德主张时，我们说话的方式就好像某个东西是对还是错、是善还是恶，这是超出我们的利益和偏好的范围的。这与关于口味的声称形成了对比。我们来看一个有助于阐明这一对比的例子。

让我们想象这样一个情形：我们正试图决定看哪个电视节目。你想看《美国偶像》，我认为《辛普森一家》更好些。讨论之后，我们可能不得不承认我俩没法达成一致，因此同意抛硬币来解决。尽管我们都有自己偏好的节目，如果最终一个选择胜过了另一个，我们也不会特别气恼。

然而，现在想象一下：你得到了一个录像，是某个教师攻击一个忘了交论文的学生的。你建议我们把它放到网上让全世界都看到。我判断这在道德上是错的，但是你并不这样认为。请注意这一点：在这个例子中，仅仅是偏好并不能决定把这个录像放到网上是不是对的。在这种情况下，我当然不会乐意抛硬币来决定，如果你为所欲为，我当然会感到烦恼。你真的想要把它播放给别人，因为你认为许多人都会觉得它非常好笑，单纯这个事实根本不会让我改变想法。

我们可以怎样解释这种思考和言谈的方式呢？如果道德属性确实存在的话，我们会预期以这种方式言谈和思考。如果道德实在论是正确的，存在真正的道德属性，那么这可以解释为什么我们认为道德判断可能不敏于偏好、欲望和大众舆论。下面再来思考我们的道德实践的另一个特点：聚合（convergence）。

聚合

可以认为，道德观点的聚合一直存在，并且会继续存在，这一点通过道德属性的存在能够得到最佳解释。我们来看一个例子。

想象这样一个情形：我们把 50 个顶尖法医学家分别关到 50 个单独的实验室中，使他们彼此之间不能联系。然后我们给他们一把枪，这把枪在近期的一场罪案中被使用过；我们要求他们从这件证物上得到尽可能多的信息。我猜想他们的建议会存在一致。当然，会存在一些差异，但是也会存在聚合。例如，有可能他们全都同意枪柄上的血迹是 O 型阴性血，子弹是空头弹，并且击发装置上有 DNA。我们会如何解释证据的这种聚合呢？一个解释——尽管不是一个特别好的解释——是：这个一致是一个极大的侥幸。所有这些法医学家都只是因为存在某种宇宙事件而碰巧说出了同样的东西。

这不是一个有吸引力的解释，更自然地我们可能会说，某些答案存在一致的原因，是那把枪具有某些属性。枪上的血迹具有 O 型阴性的属性，子弹具有空头的属性，等等。因此，对于为什么会有观点的聚合的一个好的解释是：存在一些人们能逐渐认出的属性。

现在我们来思考另一个例子。想象一下，我们把来自全球的 50 个人分别放到单独的房间里，要求他们想出十条最重要的道德规则。我猜测依然会存在大量的聚合。例如，他们可能都会写，偷

58

盗是错的，杀死儿童是错的，或者奴役人们是错的。尽管这个清单不会完全一致，但当然会有很多重合。如果情况确实如此的话，那么我们会想要寻找一个最佳解释：为什么会有道德信念的这样一种聚合？

或许一个好的理由是，确实存在某些道德属性，它们被房间中的人们辨认了出来。因此杀害孩子的行为具有"错"属性，奴役人们具有"错"属性，等等。尽管这个思想实验显然并没有证明实在论，但它的确做到了提示我们，"确实存在道德属性"这一观念并不像一开始看起来那样与我们的日常思维相悖。

真理

我们来看一段引文，它似乎呼应了一个直觉观念："一个真理，任何真理，其为真理都应该依赖于它'之外'的某个东西——凭借这个东西它才为真。"（Armstrong，2004：7）真理似乎以某种方式与实存的东西密切相关。例如，如果"我的自行车上都是泥"这个声称为真的话，那么这是因为世界的某个特征使其为真。在这个例子中，如果我的自行车具有"泥泞"这个属性，这个声称就为真。这个直觉可以更加正式地被称为"使真者论题"（*truth-maker thesis*）。也就是说，一个声称为真，当且仅当世界的某个特点使其为真，比如属性。

如果某些道德主张为真，且如果使真者论题是正确的，那么我们就可以说世界存在一些使它们为真的特征。如果"杀害政治人物在道德上是错的"为真，那么这将意味着世界有某个特点——即杀害政治人物的错误性——使得这个主张为真。下一节我们将思考某些其他的特点，以帮助我们进一步建立一个支持道德实在论的推定论证。

分歧、进展和现象学

我们相信真正的道德分歧是存在的。可以说对此的最佳解释就是存在真正的道德属性。我们来看一个例子。想象这样一个情形：我声称晚期堕胎在道德上是错的，但是你声称它在道德上不是错的。常识告诉我们，我们不可能都对，我们中的一个必定是搞错了。如果道德实在论是虚假的，晚期堕胎并非或具有对的属性或具有错的属性，那么很难看出为什么不能接受我们两个可能都是对的。换言之，我们可能认为道德实在论对为什么我们认为一个行为不能既是对的又是不对的、既是善的又是不善的等等提供最佳解释。

此外，存在道德进步这个事实，可以说根据道德实在论也会得到最佳的解释。似乎不可否认的是，一直存在某种道德进步：我们不再派人爬烟囱，不再强迫儿童修理织机，不再蓄奴，等等。然而，如果存在进步，这似乎暗示我们正在以某种方式离世界实际上应该是怎样的真理更近。但是如果道德实在论是虚假的，那么似乎不可能存在标准或基准，很难看出为什么我们会认为道德进步是完全可能的。

最后，再来看看上一章我们提到的现象学。我们作为道德能动者的经验似乎支持实在论。例如，似乎有时我们会对自己对有些情境的反应感到吃惊。想象这样一个情形：我们曾认为猎狐在道德上是可接受的，现在我们与猎狐队一起出去狩猎，活动结束时一群狗把一只狐狸撕成了碎片。在这种情况下，我们可能会立刻改变关于猎狐的想法。突然我通过经验发现猎狐是错的。如果道德属性确实实际上存在，那么这种发现就不应该出乎意料；反之，如果道德实在论是虚假的，根本不存在道德属性，那么似乎这类现象就会出乎意料而因此需要一个解释。

当然，非实在论者可能依然不为所动。所有这些观察都是非常有趣的，但是它们并没有证明任何东西——我们可以用不依赖于道德属性的实存性来解释它们中的任何一个。例如，或许这一事实——我们不可能认为晚期堕胎既是错的又不是错的——只是我们的语言使用的一个结果，而不是证明晚期堕胎具有一种道德属性的证据。或者，如果我们要求人们各自写出十条规则的清单，也许他们的道德观点不会真的达到聚合。又或者可能根本不存在道德进步之类的东西。

　　概括地说，尽管这些观察可能是存在道德属性的证据，我们可以认为实际上它们讲述的是我们的语言使用、心理学，甚至也许是某种社会史。但是这不是我们作为实在论者直接感兴趣的东西；毋宁说，我们感兴趣的是什么是实存的。因此，确实看上去我们需要一种更加精细的方法来辩护道德属性的实存。接着我们就来考察一个实在论者会如何着手这一工作。

60

　　祛除道德属性的神秘性的一种方式，或许是表明它们与自然属性是完全相同的；自然属性是"作为各自然科学的研究对象，也作为心理学的研究对象的东西。可以说，它包括一切或者曾经存在，或者现正存在，或者将会存在一定时间的东西"（Moore，［1903］1993：92）。如果良善性（goodness）这个道德属性等同于快乐，那么这样说就并不奇怪："良善性是实存的"，或者"关于某个东西是不是善的我们有可能弄错"，或者"我们可以认出某个东西中的善"。因为说"快乐是实存的"或者"关于某个东西是不是令人快乐我们有可能弄错"当然并不奇怪，而声称我们可以认识到某个东西令人快乐当然也不奇怪。尽管如此，我们如何能够确保道德属性与自然属性具有同一性的主张？我们如何能够是一个道德实在论者的同时也是一个自然主义者？

　　有两种回答这些问题的宽泛进路。我们将首先考察弗兰克·杰克逊（Frank Jackson）的进路——它声称我们可以通过先验的概念分析，确立道德属性就是自然属性；其次考察康奈尔派实在论者——他们认为我们可以后验地（*a posteriori*）确立这样一种［道德属性与自然属性之间的］同一性。

杰克逊的主张：道德属性与自然属性是同一的

如果我们将要尝试定义道德词项，我们可以怎么做呢？或许一种路径是通过先验的概念分析。但是随着摩尔提出开放问题论证（参见第 1 章），对道德术语的概念分析被认为是一条死胡同。然而现在事情有所变化，实在论者再次转向了概念分析。这主要归功于位于堪培拉的澳大利亚国立大学的一批哲学家。我们将考察杰克逊是如何把"堪培拉方案"（Canberra Plan）应用于伦理学的（参见Jackson，1998）。

61　**杰克逊的"堪培拉方案"：对道德词项进行概念分析的新希望**

杰克逊主张，我们可以给道德词项一个还原性（*reductive*）的定义——之所以是还原性的，是因为那个定义本身并不包含任何道德词项。他认为可以通过使用一个由弗兰克·拉姆齐（Frank Ramsey）提出、大卫·刘易斯（David Lewis）改进的既定程序来做到这一点——这个方法被创造性地命名为"拉姆齐—刘易斯方法"（the Ramsey-Lewis method）（Lewis，1970）。拉姆齐—刘易斯方法的应用是"堪培拉方案"的核心。

我们来看一个来自杰克逊等人（Jackson *et al.*，2009）的例子。想象这样一个情形：我们正试图定义"中子""电子""质子"，但是是以一种不依赖于任何一种理论物理学的方式。这类似于杰克逊不依赖于任何道德词项来定义"善""对"和"错"。显然，我们不能这样说:"质子就是吸引电子的东西",或者"质子排斥质子",因为这是使用其他理论词项。基本的拉姆齐—刘易斯方法是这样的一种叙述:

> 有一种东西和另外一种东西,还有另外一种东西;这些东西中的第一种的实例环绕一团另外两种东西的实例运行;第一种东西和第二种东西的实例彼此吸引;第一种东西的实例之间相互排斥,第二种东西的实例之间同样相互排斥;第三种东西的实例没有显示出对与它同类的其他实例有吸引或排斥;有某种奇怪的力使第二种东西的成员保持为一团,尽管它们之间是相斥的;等等。(*Ibid.*: 54)

在这样一个说明中,完全没提"质子""电子"或"中子",但是我们可以通过重新参照整个叙述来给出每一个词项的意义。因此,举例来说,我们可以说,我们所谓的"中子",意思是指任何起着这样的作用的东西:它"没有显示出对与它同类的其他实例有吸引或排斥","环绕另外两种东西的实例运行",等等。

因此,我们可以声称,如果某个东西在扮演着上面叙述中的"电子""质子""中子"的角色,那么它就会是电子、质子、中子。杰克逊的想法是,当试图定义道德词项时,我们可以采取同样的步骤。

在上面的例子中,我们从一个理论物理学的"叙述"(story)开始,这个叙述详细说明了电子、质子和中子的角色;在事关道德的情形中,杰克逊认为我们需要从一个详细说明每一种道德属性的角色的道德叙述开始。要做到这一点,我们必须写下与每一个道德词项相关联的所有真理。杰克逊认为,我们从哪里选取这些真理至关重要。关键是,我们不能从我们的日常道德实践(大众道德)中取得它们。相反,我们需要使用从如下这种道德中取得的真理来进行这个叙述:在这个道德中一直存在持续的讨论,并且人们的道德观念已经达到了一种共识。这样一种道德,杰克逊称为成熟大众道德（*mature folk morality*）。

因此我们需要构造一个由成熟大众道德的所有真理构成的列表，但是由于我们感兴趣的是实在论，所有这些真理都必须是用属性的措辞来写下的。这个列表将包含："一个东西不能具有既是错又是对这样一种属性"；"如果某人说 x 具有正确性这个属性，而另外某个人说它不具有正确性这个属性，那么至少他们中的一个人弄错了"；"如果我们判断某个东西具有'对'属性，那么在所有条件不变的情况下，它就会使我们有动机按照它来行动"；"如果某个东西具有'错误性'这个属性，这就给了我们理由不去执行它"。需要注意的是，如果我们事实上不能写出这样一个列表，这并不形成一个对杰克逊立场的挑战。杰克逊的意图是提示一种方法，我们可以用它来对道德词项给出一种成功的概念分析。

回想一下，我们前面说过，杰克逊试图给出一种还原性的定义——也就是说，一种不依赖于任何道德词项的定义。因此，下一步就是在叙述当中移除所有对于道德属性的参照。做到这一点的最简单方式就是为每个道德属性——例如对、错或善——给出一个独一无二的变元（variable）：a_r，a_w，a_g……

这样，对于我们叙述当中的每一个错的实例，我们会使用比如说 a_w；对于每一个对的实例，我们使用 a_r；对于每一个善的实例，我们使用 a_g。我们的叙述现在就会包括这些句子："一个东西不可能具有既是 a_w 又是 a_r 这样一种属性"；"如果一个人说 x 具有 a_w，而另外一个人说它不具有 a_w，那么至少他们中的一个人弄错了"；"如果我们判断某个东西具有 a_w 属性，那么在所有条件不变的情况下，我们就具有不做它的动机"；"如果某个东西具有 a_w 属性，那么这就给了我们理由不去追求它"。

现在我们就处于一种与上面关于中子、质子、电子的叙述类似的状况中。我们有了一个叙述，它告诉我们每个道德属性在成熟大众道德中会扮演的角色，但是却没有提及道德词项。我们需要再说最后一点。这个叙述必须包含足够的信息以便辨认出一个——并且只有一个——属性。杰克逊可以声称"错"（wrong）的还原性 63 定义就是 a_w 在我们的大规模的、复杂的功能性叙述中扮演的角色。"对"（right）的还原性定义就是 a_r 在我们的大规模的、复杂的功能性叙述中扮演的角色，"善"的还原性定义就是 a_g 在我们的大规模的、复杂的功能性叙述中扮演的角色，等等。

　　杰克逊现在可以断定，错误性就是唯一满足 a_w 角色的属性；正确性就是唯一满足 a_r 角色的属性；良善性就是唯一满足 a_g 角色的属性；等等。杰克逊然后就可以声称，确实存在道德属性，它们与自然属性——那些扮演着拉姆齐—刘易斯"叙述"所指明的角色的自然属性——是同一的。

　　如果杰克逊是正确的，那么我们就拥有了一种为每个道德词项给出一个还原性的分析性定义（*reductive analytic definition*）的方法。杰克逊这样写道：

　　　　现在，我已经讲述了如何去鉴别（identify）伦理属性：找出这样的属性——它们以自己的纯［自然的］属性的名称使成熟大众道德的条款显示为真……然后将每一种伦理属性与相应的［自然］属性等同起来。（1998：141）

　　总之，杰克逊已经提出了一种对于道德词项的还原性的分析性定义。他认为实存的道德属性是有的，这些道德属性是自然属性。如果他是正确的，它们是自然属性，那么道德属性的实存性可能是什么这个所谓的神秘性就消散了。

杰克逊与开放问题论证

　　如果杰克逊的立场是分析性实在论（*analytic* realism），那么我们可以用开放问题论证来反驳它吗？我们可能认为，"对"

（being right）是否就是在杰克逊的"叙述"当中占据"正确性"（rightness）角色的东西，是一个开放问题。更进一步地，我们可能认为这足以挑战杰克逊的这个主张："对"这个属性，就是符合叙述中的"正确性"角色的任何东西。

杰克逊认为，例如，如果我们认为"对"是否就是任何符合"正确性"角色的东西是个开放问题，那么，这是因为我们还不是成熟的大众道德的一部分。本质上，杰克逊对开放问题论证的回应是，我们之所以发现关于他的说明的问题是开放的，是因为他的分析是复杂的。比较起来，成熟的大众会发现关于他所提议的还原性说明的问题是"封闭的"。

然而，我们可以重构这个问题，再次对他提出挑战。因为我们可以认为，成熟的大众有可能质疑——比如说——"对"是否就是任何占据"正确性"角色的东西。杰克逊对此的回答很简洁：

> 可能会有这样的反对：甚至在所有协商和批判性反思都结束，我们已经达到成熟大众道德时，怀疑"对"就是占据"正确性"角色的东西依然会完全讲得通。但是目前我认为，我们有权坚持己见，认为这一想法——一个非常好地符合了要求的东西，仍然有可能不是"正确性"——不过是如下这个柏拉图主义观点的一个残余：一个像"对"这样的词项的意义是什么的问题，某种意义上就是它鉴别出或神秘地依附于"对"之形式的问题。（*Ibid.*: 151）

对这个回应我们仍然可能不为所动，并且质疑什么能够证成杰克逊对这一点的坚持。除了这个事实——我们认为成熟的大众有可能发现关于杰克逊的说明的问题是开放问题——以外，还存在任何独立的证据表明有这样一种残余吗？这点在我看来是不明的。然而，进一步思考开放问题论证能否应用于杰克逊的说明的问题，我还是留给读者吧。

总之，杰克逊提供了一种对于道德词项的还原性的分析性定义。他认为存在道德属性，并且道德属性是自然属性；他认为自己的解释是免于开放问题论证的反驳的。道德属性因此是实存的，但是并不比其他自然属性——比如某个东西是令人快乐的这个属性——的实存性更神秘。然而，通常道德实在论者对概念分析并不感兴趣，而是接受综合性实在论（*synthetic* realism）。所以，我们就来思考一下为什么，以及这会是一种怎样的解释。

综合性实在论：引言

综合性实在论者认为，不论杰克逊和其他分析性实在论者怎么想，元伦理学应该通过猜测、假说、归纳、试错、预测非决定论（predicted indeterminism），而不是通过规约、确定性、分析性和概念分析来进行。

我们现在可以回顾引言中我们所列的清单。我们来看一下质子。为什么我们认为质子是实存的？正如我们在上文说过的，并不是仿佛我们能够看见、闻到或听到它们似的。我们有什么权利去做一个关于质子的实在论者？自然的回答是，质子似乎具有解释事物的能力。如果质子是实存的，那么这将会解释电子的运动，解释在云室中存在蒸汽尾迹的原因，解释为什么大型强子对撞机会给出它所给出的那些图像，等等。因此，似乎我们可以获得谈论某个东西的实存的权利，如果我们能够表明它在解释中发挥着某种作用。

综合性道德实在论者采取的就是这个思路。他们辩称，如果我们假定道德属性是实存的，我们就能比不假定这一点更好地解释某些现象。道德属性在对于世界的最佳解释性说明中有重要作用。我们之所以能够"赢得权利"去谈论这样的东西存在，是因为它们在我们的解释中"尽了自己的一份力"。综合性实在论者彼得·雷尔顿（Perter Railton）是这样表达这一点的：

[道德实在论者应该]……假定一个由一些事实组成的领域的存在，这种假定的根据是，这些事实将会对我们经验的某些特点的后天解释作出贡献。例如，假定一个外部世界，以解释感觉经验的连贯性、稳定性和主体间性。一个想要从这个策略得益的道德实在论者，必须表明道德事实的假定同样可以具有一种解释功能。（1986：172）

因此雷尔顿说的是，我们可以通过表明外部世界很好地解释了我们的经验的某些特点，而声称它是实存的；所以我们可以通过表明道德属性同样非常好地解释了我们的经验的某些特点而声称道德属性是实存的。

对于给予"道德属性的解释性角色"这种说法多少重要性的问题，综合性道德实在论者内部是存在差别的。有些人，即康奈尔派实在论者，认为解释性潜力对于确立道德属性的实存性是充分的。其他人，比如雷尔顿，认为解释性潜力只是必要的。为了便于论证，我们将坚持康奈尔派实在论者的观点，即那是充分的。也就是说，我们将假设，如果可以确定道德属性在我们的最佳解释性说明中发挥着重要作用，那么道德属性就是实存的，而道德实在论就是正确的。如果想了解更多，可参考雷特对这个问题的讨论（Leiter，2001）。

66   **综合性实在论和本体论：赢得谈论道德属性的实存性的权利**

这如何在道德情形中发生作用呢？在科学情形中，对于我们正在试图解释的东西，我们是有清楚了解的。为什么物理学家相信质子存在呢？或者为什么化学家认为分子存在呢？或者为什么生物学家认为有机体具有某种基因序列呢？原因是，通过设定质子、分子和 DNA，他们可以解释这样的一些事情：为什么某个有机体具

有它那种表型，为什么金属在某些温度会融化，为什么大型强子
对撞机能产生出某种图像。如果综合性道德实在论者想要延续这个
思路，要如何进行那种类比呢？我们来想象一个例子：你被传送回
1904 年的纳米比亚，成为下面这个种族灭绝描述的见证者：

> 在距离哈马卡里一段距离的某个地方，我们在一个水坑边
> 扎了营。在那里的时候，一个德国士兵发现了一个赫雷罗族小
> 男孩，大约 9 个月大，躺在灌木丛里。当时小男孩正在哭。那
> 个士兵把他带到我所在的营地。士兵们围成一个圈，开始把孩
> 子像球一样地抛来抛去。那个孩子受到惊吓，也因为被弄疼，
> 哭得很厉害。一段时间后，他们厌烦了这种"玩法"，其中一
> 个士兵给他的步枪装上了刺刀，说他可以接住那个男婴。那个
> 孩子被冲着他抛过来，落下的时候他用刺刀"接住"了他，刺
> 刀贯穿了那个孩子的身体。不消几分钟那个孩子就死了，而
> 士兵们对于这个事情的反应只是一片放声大笑。（Totten et al.,
> 2009：35）

我希望，在经历这一切时，你会相信那些士兵的行为确实是
错的。并不是好像你看到了发生的一切，然后写下"刺刀""孩
子""尖叫""痛"，然后仔细思考这个清单，最后得出结论：这个事
是错的；而是，在见证这个极其残暴的行为时，你立刻相信它是错
的。关键问题是：为什么你开始相信这一点，对此的最佳解释是什
么呢？

综合性实在论者会声称有一种很出色的解释，即用刺刀刺
穿孩子的行为具有"在道德上是错误的"属性。如果他们是正确
的——这相较于其他对于我们为什么形成这样的信念的解释来说，
是一个更好的解释，那么他们已经赢得了谈论道德属性的实存性的
权利。这样似乎道德实在论就是正确的。

然而，人们第一次听到这个讲述时，通常没有什么触动。的
确，那个孩子的痛、士兵的笑声、孩子的尖叫，以及关于我们心理

的更多事实，最好地解释了为什么我们相信那个行为是错的。道德的属性在这里并没有发挥更多的解释性作用——道德属性的说法是多余的。综合性道德实在论者还可以怎样继续呢？

在我们考虑这个基于米勒工作（2003：145—146）的挑战之前，我们需要随附性（*supervenience*）这个概念。随附性必须是先验可知的，它指的是这样一种观点：两个情境，如果它们的自然属性没有差别，那么它们的道德属性不可能有差别。我们来看一个例子：湖人球迷聚众闹事是对的，但是公牛球迷聚众闹事是错的。某个持这样一种观点的人不得不援引闹事球迷之间的某些重要差异，否则他就是不融贯的（*incoherence*），例如，或许湖人球迷被人扔了催泪瓦斯，而公牛球迷则没有。

这意味着如果我们的道德理论主张，某个行为可能是错的的唯一理由，是它带来了不必要的痛苦、苦难和死亡，那么，如果我们的道德理论是正确的，去除一个行为所带来的不必要的痛苦、苦难和死亡就意味着那个行为不是错的。后面我们很快会更加详细地考察随附性。

如果我们是综合性道德实在论者，那么进行一个测试以查明一个属性是否的确具有某种真正的解释性作用，会有所帮助。这样的一个测试因此可以用于表明道德属性具有一种解释性作用。反事实测试（*counterfactual test*）就是这样一种测试。它声称："说 a 是 F 与 b 是 G 具有解释上的相关性，也就是说，如果 a 未曾是 F 那么 b 就不会曾是 G。"（Miller，2003：145）

让我们思考一个将此测试应用于行为的例子。我们想象这样一种情形：你的一个朋友报了舞蹈课，你怀疑他去上舞蹈课的最佳解释是他觉得舞蹈老师很有魅力。你的怀疑是否正确，一个好的测试是思考如果舞蹈老师换了人会怎样。如果这种情况下你的朋友不再去上课，那么这就是一个表明被舞蹈老师吸引是他去上舞蹈课的原因的好的证据。或者，我们考虑一个更加严肃的例子。我们可以

说，如果鲍勃早戒烟，他就不会死于肺癌。这看上去像是声称抽烟
害死了鲍勃的一个好证据。这样我们就有了一个测试——反事实测
试，它容许我们去看一看是否某个属性是解释上相关的。我们现在
把它应用于士兵刺死孩子的道德案例中。

　　为了测试那个错误性是否在解释上相关，我们需要问自己：如
果那个行为事实上不是错的，我们是否还会判断那些士兵的行为是
错的？一个直觉的回答是"不"。如果他们的行为本来不是错的，
那么人们就不会那样判断它。因此，如果我们的反事实测试是一个
好的测试，那么我们就有权说，那个错误性的确起着一种真正的
解释作用。反过来，这允许综合性道德实在论者说，道德属性是实
存的。

　　然而，人们可以依然不为这个反事实测试所动。一个可能的担
忧是，反事实测试是要用来确立道德属性的实存性，但是它的工作
原理却是通过询问我们，如果我们从这个情境中去除道德属性，我
们会相信什么。这样，看上去好像这个测试在反驳非实在论者时犯
了乞题谬误。如果非实在论者是正确的，根本不存在道德属性，那
么询问如果根本不存在道德属性我们的信念会如何改变，不会是一
个有说服力的策略。然而，综合性道德实在论者可能还有其他对于
非实在论者的回答；这也是随附性问题重新回到我们视野的时机。

　　回想一下：如果我们的道德理论为真，那么我们就可以说，带
来不必要的痛苦、苦难和死亡的行为具有"错"属性。重要的是，
由于随附性，如果一个行为不具有"错"这个属性，那么它就不会
带来不必要的痛苦、苦难和死亡。有了这个附加的主张，我们就能
够重写那个反事实测试。

　　想象这样一种情况（尽管可能很难）：用刺刀刺孩子并不包含
不必要的痛苦、苦难和死亡——由于一套完全不同的生理学规律，
在被刺刀刺过之后，那个孩子笑着、跳着，喊叫着要士兵再来刺
他。你会判断刺他的行为是错的吗？大概不会。这意味着，如果反

事实测试是个好的测试，并且如果我们的道德理论是正确的，那么的确看上去道德属性具有一种真正的解释作用。道德属性是实存的，综合性道德实在论是正确的。

关于这个问题可说的很多。例如，我们可能认为反事实测试并不像它最初看上去那样好。我们可能担心"解释""最佳解释"和"解释上的相关性"都有重要且不同的含义，或者担忧在我们运行反事实测试的时候能否坚持我们的道德理论是正确的。我将把这个问题留给读者去进行进一步的探究。

69　综合性实在论与道德词项

到此刻为止，我们一直在谈论属性。但是当然，我们需要从我们的综合性实在论者那里知道我们的语言如何与道德属性"连接起来"。在回答这个问题的过程中，综合性实在论者分为了两派：一派认为我们可以对我们的道德词项给出一种还原性的定义，另一派认为我们不能给出这样的定义。前面我们说过：对一个道德词项的定义是还原性的，如果这个定义不包含道德词项。

雷尔顿声称我们能够给出还原性定义——他称之为道德词项的一种"重构定义"（例如参见 Railton，2003）。这样谈到"定义"意味着他的立场类似于杰克逊吗？不是的。因为即使雷尔顿像杰克逊一样认为我们能够对道德词项给出一种还原性的定义，但他认为我们是通过假设、猜想、试错来确立这个定义的；而杰克逊认为我们是通过对我们的道德词项给出一个先验的概念分析来确立这样一个定义的。

这一点不仅把他与杰克逊区别开来，而且把他与康奈尔派实在论者区分开来。康奈尔派实在论者认为我们不能对道德词项给出任何种类的定义，因为道德词项是不可还原的。道德词项代表道德属性，而道德属性是一种不能被还原为任何其他自然属性的自然属性。

　　说一个道德属性是不可还原的（哲学家们有时称此为自成一类［*sui generis*］）是什么意思呢？想想所有那些可能是错误的行为：谋杀、违背诺言、非法下载音乐、撒谎、通奸，等等。在每一种情况下，我们可能都能够说，因为那种行为具有某种（或某几种）属性，因此它是错的。然而，有可能鉴别出为这些情形所共有并且出现在所有这些情形中的某种属性或一组属性吗？似乎不能。如果这是正确的，那么康奈尔派实在论者就是正确的，我们不能把"错的"还原为共有的一个或一套属性。

　　那么是什么属性造成了所有这些事情都是错的这种情况呢？康奈尔派实在论者说，正是"错"这个属性（the property of being *wrong*）。如果有人问"但是那个属性是什么呢？"他就已经误解了这种说法。那个属性就是错误性（wrongness）。米勒从道德正确性（moral rightness）的角度这样说道：

　　　　行为可以在道德上是对的，对此我们能够想象无数种方式。［康奈尔派实在论者］认为，在道德正确性的任何一个单独的实例当中，正确性都可以在非道德属性中被鉴别出来。但是他们声称，遍查所有道德上对的行为，都找不到一个或一组非道德属性为所有这样的情境所共有，并且道德正确性可以还原为它。（2003：139）

结　语

　　如果道德属性是实存的，那么我们就可以解释一些常见的关于道德的信念。这包括诸如"我们能够有真正的道德分歧""我们能够犯道德错误""人们的道德观点能够聚合"等信念，"存在道德进步"的直觉。而且，貌似我们也能够解释作为道德能动者是怎样一种体验。

此外，如果道德属性是自然属性，那么我们就能够解释我们如何能够与它们相互作用并逐渐认识它们。我们会怎样解释自己如何认识自然属性、与自然属性相互作用，就以同样的方式对待道德属性。

如果这两点使得自然主义实在论具有吸引力，那么我们可以怎样把道德属性与自然属性等同起来？分析性实在论者声称，我们可以先验地通过概念分析做到这一点，杰克逊的工作已经使这个进路重获新生。

另一方面，综合性自然主义者认为，我们能够通过后验的探究把道德属性与自然属性等同起来。雷尔顿认为这同样会涉及道德词项的还原；康奈尔派实在论者则认为不会。两种综合性立场的似真性都取决于他们能否表明道德属性具有一种解释作用。

可能有人会认为，尽管实在论看似有吸引力，道德属性是自然世界的一部分的主张仍是成问题的。因为我们在前面说过，道德属性似乎需要指导我们的行为——如麦凯主张的，它们似乎有一种"待实现性"作为其组成部分。但是自然属性真的是这样的吗？归根结底，道德属性的说法似乎仍然是神秘的。当然，正是由于这个原因，麦凯认为根本不存在道德属性。不过在下一章，我们将考察一种不同的进路。如果所有存在的属性都是自然属性的话，那么道德属性就不存在，这可能是真的；但是或许这也是一个好的理由去认为道德属性是存在的，但却是非自然的。

71

记忆要点

- 康奈尔派实在论者认为我们不能对道德属性进行还原。
- 我们不能给出完整的"道德叙述"（moral story），这一点不对杰克逊的立场形成挑战。

- 关于给予道德属性的解释作用的说法多少权重，综合性道德实在论者之间有不同观点。康奈尔派实在论者认为解释潜力是充分的，而雷尔顿认为它是必要的。
- 事实与属性是截然区分的，尽管在本书当中没有什么取决于这一区分。
- 一个东西可以是实存的然而并不独立于心灵。
- 自然主义者不必非是实在论者。

进阶阅读

对于实在论的一个出色的一般性讨论，参见 Finlay（2007）和 FitzPatrick（2009）；对实在论的一个出色的全面考察，参见 Sayre-McCord（1986）和 Miller（2003：chs 8, 9）。雷尔顿和杰克逊的著作有一定难度，参见 Railton（2003）和 Jackson（1998）；关于观察和解释的议题，Harman（1977）的著作是个很好的入门；Bird & Tobin（2008）的著作对理解康奈尔派实在论很有帮助；Boyd（1988）这篇有难度的论文是讨论康奈尔派实在论时常被引用的经典；Majors（2007）这篇文章是对"道德解释"的一个优秀讨论；围绕实在论与分析的一般议题的一个优秀讨论，参见 Smith（1994：ch. 2）；Shafer-Landau（2003：pt 1）考察和辩护了实在论，写得十分精彩；对道德自然主义的讨论，参见 Rachels（2000），Copp（2003），Lenman（2006）。Miller（2010）对实在论和反实在论进行了出色的一般性讨论。

思考题

1. 为什么人们会被实在论吸引？

2. 你认为来自不同文化的人们有可能在道德判断上实现聚合吗?

3. 存在道德进步吗? 你是否可以给出一些例子?

4. 我们可以怎样测试某个东西是否是实存的?

5. 杰克逊、雷尔顿和康奈尔派实在论者的实在论立场之间的区别是什么?

6. 如果实在论是正确的,我们将发现道德属性是自然界的一部分吗?

道德实在论和非自然主义

　　善之所以是不可定义的，并不是由于摩尔的继承者们给出的那些理由，而是因为，理解一个有吸引力但又不可穷尽的实存，这个任务是无比困难的。

——默多克（Murdoch，1970：42）

　　非自然主义有一种"陈旧"的名声，它令人想起牛剑那些传承"人类当中最出色、最有见识的人"——这些人感知良善性就像凡人们感知黄色（yellowness）——的观点的教员……历史上，非自然主义主要是作为这样一种理论被注意到：它是如此不可接受，以至于启发了非认知主义者。

——谢弗（Shaver，2007：283）

本章目标

- 解释将非自然主义与道德实在论结合起来的吸引力所在。
- 概述两种非自然主义实在论立场。
- 讨论自然主义与非自然主义划分当中涉及的困难。

引　言

　　如我们在上一章中讨论的，实在论声称：

- 道德判断是信念的表达，而这些信念是对世界的描述，因此道德判断可以为真或为假（认知主义）。
- 道德判断有时为真，并且其之所以为真是凭借世界具有的特点。
- 道德判断的真不是由个人、群体或社会怎么想来决定的；例如，每个人的道德判断都出现了错误，这是可能的。

本章所要讨论的实在论不同于第 4 章，因为它声称，那些使得道德主张为真的特点，不是自然特点，而毋宁说是非自然的特点。例如，非自然主义者会声称，如果"杀人是错的"为真，那么这是因为杀人具有"错误性"这个非自然的道德属性。

但是到底为什么一个处在这个后启蒙的科学时代的人会认为（a）存在道德属性，并且（b）这些道德属性是非自然属性？我们不去讨论（a），因为支持实在论的动机我们已经在第 4 章讨论过了。相反，我们将讨论（b），然后通过对神命论和拉斯·谢弗-兰多（Russ Shafer-Landau）的道德实在论进行讨论而更加详细地考察非自然主义。

那么，认为道德属性是非自然属性的动机是什么呢？在这些讨论中占据支配地位的，是规范性议题。

尽管哲学圈关于规范性的争论无休无止，对于它的含义却仍然没有清晰的共识，规范性议题仍然是最复杂的哲学领域之一。之所以如此，原因之一是规范性存在于如此多的哲学分支之中，包括心灵哲学、语言哲学、法哲学、美学以及认识论。因此，不言而喻，下文将要谈到的，只能是一个对于哲学家们谈到"规范性"时所指的非常一般性的感觉。对规范性更加细致的讨论，可参看科尔斯戈德的著作（Korsgaard，1996）。

当提出道德主张时，我们使用哲学家们称之为"规范性的"词汇，比如"应当"（ought）和"应该"（should）。我们还会有诸如此类的表达："若守诺是对的，那么你应当守诺"，或者，"若撒谎是错的，那么你应该说真话"。当我们使用这样的词汇，我们试图传达的是什么？我们的意图之一，是说服人们接受或不要接受某个行为。换个稍微不同的说法，这样的主张赋予了我们说某些行为应受谴责或值得赞美的能力。例如，如果你不应当卖海洛因给孩子，但是你却卖了，那么你就做了错事，你就可以由于你的行为而受到谴责。提出道德主张，指引并且证成了未来的行为。

因此，如果实在论是正确的，那么道德属性就必须能够指导我们、为我们提供证成，以及为未来的应用提供正确性条件。想象一下实在论理论会多么难以相信，如果它声称道德属性存在，但是并不以任何方式指引我们、吸引我们或使我们采取行动。

在上面那段引文中，默多克（Murdoch，1970）称，善具有一种"有吸引力"（magnetic）的特质。这种表达的意思是，如果善确实存在，那么它将会吸引我们，使我们采取行动或指引我们；或者像麦凯（Mackie，1977）主张的那样，道德属性会不得不具有"要去执行［实现］"（to-be-doneness）或"不要去执行［实现］"（not-to-be-doneness）的性质作为其构成部分。这样，如果道德属性是存在的，它们似乎就必须是规范的。

这一点当然是真的：自然属性能够驱使我们采取行动，能够给我们理由以某种方式而不是另一种方式行动。例如，我的自行车有"脏"属性，这可以给我一个理由去把它清理干净。然而，有些元伦理学家认为，这样一种联系过弱，不足以抓住作为道德属性之必要条件的规范性。

如果道德属性确实存在，那么它们将证成某些行为、使我们采取行动、给我们行动的理由，而不管我们处于什么样的心理状态。例如，如果对朋友撒谎具有"错"属性，那么这就会具有某种指导性特质，无论我是否想要对朋友撒谎。这与自然属性驱使我们行动的方式形成了对比，因为似乎自然属性仅当我们具有某些欲望时才能驱动我们。例如，我的自行车具有"脏"这个属性，这个事实有可能驱使我去清洁它，但是也可能不会驱使我去清洁它。

非自然主义者通常认为这些关于规范性的看法，是相信不可能把道德属性与自然属性等同起来的好理由。

> 依我之见，有一些真正属于我们这个世界的特点，是永远处于自然科学的视界之外的。道德事实就是这样的特点。它们引入的规范性因素是不能在自然科学的记录中找到的。它们告诉我们什么是我们应当做的；我们应该怎样行为；什么是值得奉行的；我们有什么理由；什么是可以或不可以证成的。没有哪门科学能够告诉我们这样的事情。
>
> （Shafer-Landau，2003：4）

> 仍然存在一种固执的感受：何对何错、何善何恶以及什么是我们有理由做的，关于这些事情的事实共同地具有某种与众不同的东西，这个共同特点［规范性］是自然事实不可能具有的。
>
> （Copp，2005：136）

> ［自然主义的］阿基里斯之踵（除其可悲的虚假性之外）是它无法容纳规范性。在自然主义的范围内，没有对错、善恶的空间。
>
> （Plantinga，1998：356）

76　　　从这个对于规范性的简单讨论，以及在第4章提出的关于实在论之吸引力的议题，我们能够表明为什么有人可能接受非自然的实在论。实在论之所以具有吸引力，是因为它抓住了我们在道德中的某些基本承诺，比如聚合、真理、分歧、道德进步和现象学。但是道德属性必须是规范性的，这暗示了它们不是自然界的特点。因此，如果道德属性像实在论者主张的那样，是存在的，那么似乎它们就是非自然的。下面我们不再深入到这些议题之中，而是来详细地探讨两种非自然主义理论。

神命论：引论与澄清

过去 20 年左右的时间里，神命论（divine command theory，DCT）变得日益流行（尽管一度人们认为世俗自由主义已经碾碎这种理论的一切生命力），期刊和图书再一次充斥了对于上帝与道德之间可能存在联系的讨论。

当然，对于那些认为上帝不存在的人来说，上帝在道德当中的作用也将不复存在。然而，在阅读这一节的时候，你们应该把上帝是否存在的疑问放到一边，为了便于论证而承认他的存在。此外，即使你们确实信仰上帝，这也不自动地令你承诺神命论。例如，伟大的神学家托马斯·阿奎那就支持自然法理论多于神命论（McDermott，1993）。

尽管本节所关注的是神的命令，这已经排除了许多极有影响的理论：比如奎恩（Quinn，1978）认为，重要的是上帝的意志而不是他命令什么。然而，我们将继续关注神的命令。即使在决定专注于神的命令之后，仍然有大量进一步的议题我们可以详细讨论。例如，上帝的命令与对错之间的关联是什么？如果上帝就某个东西下了命令，那么这就导致那个东西是对的或错的吗？还是上帝作出的命令与某个东西是对是错这两个方面是同一的？还是对错随附于上帝的命令？此外，为了一个辩护是充分的，我们还必须决定这个理论是关于对错的还是关于善恶的。不过，就我们的目的而言，我们将把神命论规定为：

（DCT）某个东西在道德上是对的，当且仅当上帝命令　77
它；某个东西在道德上是错的，当且仅当上帝禁止它。

请注意，由于某些我们无须探究的原因，神命论理论家可以主张当人们使用道德语言时，不管他们是否信仰上帝，他们仍然是在指上帝的命令。因此，举例来说，一个道德上令人尊敬的无神论者的存在，并不能用来反对神命论立场。关于这一点，更多的讨论可参见亚当斯（Adams，1979）。

为什么神命论是非自然实在论的一个版本？是什么使它具有吸引力？

　　神命论出现在本章，是因为它是一种非自然理论。让我们回想一下，前文我们给"自然的"下的定义说，自然的东西就是"作为各自然科学的研究对象，也作为心理学的研究对象的东西。可以说，它包括一切或者曾经存在，或者现正存在，或者将会存在一定时间的东西"（Moore，［1903］1993：92）。正如詹姆斯·雷切尔斯所说："伦理自然主义就是这样的思想：伦理学可以从自然科学的角度来理解。"（James Rachels，2000：75）

　　如果某个事物是对或错的，当且仅当上帝命令或禁止了它，那么对错就不是可以由自然科学或心理学发现的东西。上帝是处在这个宇宙之外，并且独立于自然界的。这种理论不仅是一种非自然理论，而且是一种实在论理论。实在论主张：道德判断可以为真或为假；有时道德判断为真，并且使得它们为真的东西是独立于人们的（或人群的）信念、判断或欲望的。

　　神命论者认为，当我们做出道德判断时，我们是在提出一个关于上帝命令什么的主张——不论我们是否意识到这一点。因此我们的道德判断可以为真或为假。此外，有可能，我们的道德判断之所以可以为真，是因为我们的道德主张可能与上帝的命令一致。

　　最后，我们认为的对错可以与上帝的命令完全不一致。认为如果我们判断一个行为在道德上是对的或错的，那么上帝会注意到这一点，并且使他的命令与我们对于那个问题的想法一致起来，这种观点会显得有些奇怪。因此，什么是对的或错的，在任何时候都是独立于任何社会和任何文化的。例如，如果上帝命令讲真话是对的，那么无论人们怎么想，讲真话都是对的。因此我们可以断定，如果某人接受一种神命论，这个人就是一个非自然实在论者。

为什么这样一种观点会有吸引力呢？大概是因为它非常适合于抓住道德主张的规范性来源。是什么证成了道德强加于我们的那些要求？是什么给了它们对我们的权威？神命论声称上帝是终极的全知存在，他比我们更了解我们自己、其他人，更了解事物的过去、当下和未来。而且，通常上帝被认为为未能遵守他的命令准备了适当的惩罚。

因此，如果上帝命令我们做某事，似乎我们就有理由做那件事，这个理由具有权威性。道德对我们提出的那些要求，比如我们应该信守诺言，就通过上帝的立法获得了它们的规范性地位。这类考虑因此可能允许神命论抓住道德规范性的来源，这反过来又会使它成为一种有吸引力的元伦理学选择。然而，对支持神命论的人来说，存在许多难题，下面我们就来看其中的一个。

如果对错依赖于上帝的命令，那么怎样都可以吗？

反对功利主义的一个流行论证，是声称它可以在道德上要求任何行为。举例来说，如果在某个特定情况下，不用儿童献祭比用儿童献祭带来更坏的后果，那么功利主义者会说，在这种情况下从道德上看就要求我们用儿童献祭。这个挑战继续道：这种结论完全是难以置信的，是与我们想要从任何一种道德理论得到的东西相冲突的。我们不得不对此给予更多的论证，否则就放弃功利主义。

对接受神命论的人来说存在一个类似的难题。因为上帝是至高权力，他可以下任何命令，包括用儿童献祭。由此推出，用儿童献祭在道德上有可能是对的。这一难题在于：这样做在道德上永远不可接受。因此要辩护神命论，我们就需要更多的论证。尤其是，似乎我们要么不得不放弃有些东西——比如用儿童献祭——在道德上永远无法接受这个直觉观念，要么不得不放弃神命论。

79　　一个主张神命论的人不能这样回应：因为用儿童献祭是错的，上帝不可能命令用儿童献祭。因为这样做就会是声称，存在某些行为——此例中的用儿童献祭，它们的对错是与上帝的命令分离的；这当然就是放弃神命论——因为神命论说的是，某个东西的对错离开上帝的命令是毫无意义的。

游叙弗伦困境

- 在其对话《游叙弗伦》中，柏拉图（Plato，1981）让游叙弗伦说出这样的话："虔敬是神所喜爱的，不虔敬是神所憎恶的。"众所周知的是，然后柏拉图让苏格拉底以这样一个问题向游叙弗伦发起进攻："神喜爱虔敬是因为它是虔敬呢，还是它之所以是虔敬，是因为神喜爱它？"（9E1—3）
- 这种形式的论证以"游叙弗伦困境"著称（尽管实际上它并不是一个这样的困境），它是许多论证的核心——这些论证反对的不仅是神命论，还有许多其他的解释。例如，我们可以用同样形式的论证来反对"社会相信什么，什么就是对的"这种观点：为慈善事业捐款是善的，是因为社会相信是这样，还是社会之所以相信为慈善事业捐款是善的，是因为它是善的？乔伊斯（Joyce，2002）对与神命论相关联的游叙弗伦困境进行了引人入胜的讨论，可作参考。

总之，如果神命论是成功的，我们就有了一种有吸引力的元伦理学理论，因为它抓住了我们的实在论直觉，似乎很好地应对了规范性问题。然而，独断性问题似乎对接受这个理论制造了一个主要的绊脚石。下一节我们将简单地思考一下神命论可以做出怎样的回应。

回应独断性问题

我们可以把独断性问题概括为以下三个看似不相容的主张的组合：

（a）有些东西，比如种族灭绝，在道德上永远是错的。

（b）上帝可以命令任何行为，包括种族灭绝。

（c）如果神命论为真，那么种族灭绝就有可能在道德上是对的。

如果有谁想要辩护神命论的话，他就不得不放弃（a）或（b）。80 下面我们就来看看这样做会有多少说服力。

我们可以怎样证成对（a）的放弃？似乎证成（a）的是我们的道德直觉：像种族灭绝这样的行为永远不可能是对的，这是我们的道德直觉。这个想法就是主张我们的直觉是正确的，然后用它们来挑战神命论的真理性。但是直觉自身是独断的、难以信赖的。我们所具有的一些特定的直觉之所以产生，是因为诸如阶级、文化、性别、经历等因素。事实上，实验哲学中的近期工作似乎暗示了，我们所看重的大量道德直觉实际上是基于我们会认为从道德的角度看"无关"或无关紧要的特点（第 9 章对此有更多讨论）。这表明以道德直觉为权威来挑战神命论是有争议的。

尽管所有这些都是开始构建一个否定（a）的案例，但是有人可能会辩称，如果甚至有可能我们不得不放弃我们的某些最核心的道德信念，那么我们也不应该接受神命论。如果独断性问题导致我们否定（a），那么神命论的确面对着一个难题。然而，可能还有另外一种不需要否定（a）的回应独断性问题的方式。

我们可以转而接受（a）并且同意上帝命令的任何行为——包括种族灭绝这样的事——都会是对的，但是主张对于上帝可以命令什么存在限制。这种回应等于否定（b）。

这个回应不是在说神之所以不能命令某些行为，比如说种族灭绝，是因为那些行为是错的。因为这会是主张那些行为分离于并且不依赖于上帝的意志而为错，这就等于放弃了神命论。相反，这个回应主张的是，上帝本性中的某个东西限制了他能命令什么。比如说，因为上帝的公义或爱，他完全不能命令像种族灭绝这样的行为。维伦加（Wierenga）这样谈到这一点：

> 神命论者甚至可以给出一个拒斥［上帝能够命令任何行为，包括种族灭绝］的理由……即上帝的某个特征——例如，他本质上是爱人的，排除了他在任何可能世界中命令实施某种行为［如种族灭绝］的情况。（1983：395）

不必说，关于这种进路可以有许多说法。人们可能仍然觉得这里包含了某种循环，诉诸上帝的本性是某种方式的作弊。因为如果上帝可以命令的任何事都是对的、爱世人的、善的、公义的，等等，那么正确性、爱、良善性、公义，等等如何能够是一个对于他能够命令什么的限制或约束？而且，即使对独断性挑战的这个回应是成功的，对于神命论仍然存在许多其他的担忧。然而，我们现在要转到另外一种非自然主义立场，一种不依赖于上帝的立场。

拉斯·谢弗-兰多：非自然主义者的回归

在其引人入胜的《道德实在论》（*Moral Realism*，2003）中，谢弗-兰多主张，非自然的道德实在论是一个完全融贯、可辩护和有吸引力的立场。他的著作是一个新的、日渐增长的非自然主义兴趣的一部分（参见 Cuneo，2007）。通过与自然主义版本的实在论的类比，通过借鉴其他哲学学科的论据，他辩护了如下观点：道德属性存在，并且是非自然的。

谢弗-兰多认为，给自然属性（因此也给非自然属性）归类的最好方式，是从科学的学科角度。他写道："自然主义……声称，所有实存的属性都是这样的属性：它们在完善的自然科学和社会科学中的角色是不可取消的。"（2003：59）这个观点是，举例来说，如果完善的物理学要求存在夸克，那么夸克就是自然属性；如果完善的化学要求存在钠，那么钠就是一种自然属性；等等。

如果这是正确的，那么我们就有了一种确定哪种属性是自然属性（因此哪种属性是非自然属性）的方法，即询问哪种属性"在完善的自然科学和社会科学中的角色是不可取消的"。如果谢弗-兰多是正确的，那么任何确实发挥着这种作用的属性就是自然的，反之则是非自然的。

把"什么使某个东西成为一种完善的科学"和"一种属性不可取消是指什么"这些棘手的问题暂置一边，我们下面将要考虑的问题是：道德属性会适合哪里——自然的还是非自然的？谢弗-兰多认为，它们不会在一个完善的自然科学和社会科学中具有不可取消的作用，因此它们是非自然的。这是因为对谢弗-兰多来说，伦理学不是一门自然科学或社会科学。他之所以这样主张，是因为他认为把自然科学和社会科学与其他学科划分开来的，是它们（自然科学和社会科学）的原则和真理是后验地（*a posteriori*）发现的。使得某个东西成为一门科学的，是它是通过实验、观察和实证检验开展的。

因此，如果伦理学是一门科学，那么这些特点应该对它极为重要——但是，根据谢弗-兰多，它们对伦理学并不如此重要。恰恰相反，在伦理学当中，我们先验地发现道德真理。我们来看一些道德问题，如"守诺是对的吗？"或者"种族灭绝是错的吗？"在这些情形中，我们并没有通过实证检验来找到一个答案。如果对于伦理学实践的这个说明是正确的——后面我们会回过头来问它究竟是不是正确的——那么伦理学就缺少对任何自然科学和社会科学来说都必不可少的那个特点。伦理学因此不是一门自然科学或社会科学，道德属性不是自然的：毋宁说，道德属性——如果它们存在——是一种非自然属性。谢弗-兰多写道："伦理非自然主义者是那些声称道德属性不是自然属性的人。这意味着……基本的道德真理是可以先验地发现的。"（2007 b：65）

然而，这些非自然属性与自然属性之间是怎样关联的呢？这样一种解释能够尊重随附性吗？谢弗-兰多的解释使得我们的本体论比它实际上需要的更加复杂了吗？是什么使得他确信伦理真理是可以先验地发现的？

为了回答这些以及另外的一些问题，有必要补充一些细节。为此，我们将思考，谢弗-兰多如何利用心灵哲学和哲学学科来阐明和辩护自己的立场。

与非还原性的心灵哲学的一个对比

谢弗-兰多写道："我发现很有吸引力的那种非自然主义，与心灵哲学中的某些非还原论的理论具有一种非常接近的结构相似性。"（2003：72）这些相似性是什么呢？谢弗-兰多指出了三点（*Ibid.*：71-74）：第一点是心灵状态的多重可实现性（*multiple realizability*）；第二点是属性二元论（*property dualism*）；第三点是反还原论者对随附性的容纳（*anti-reductionist's accommodation of supervenience*）。我们下面依次来考察这三点。

多重可实现性的基本思想是，任何心灵状态都可以以无穷多的不同方式得到实现。举例来说，不论某人是否具有特定的神经元或生化结构，我们都可以说他感到疼痛。例如，如果一个外星人在被踢了之后面部扭曲、喊叫、打滚儿，那么我们会断定他感到疼痛，我们不会仅仅因为发现他具有特殊的外星神经元和生化结构就改变看法。

谢弗-兰多认为，关于多重可实现性的这一见解对道德属性来说为真。让我们来看看错误性这个道德属性。我们判断许多行为都是错的，即使它们有许多不同的独特属性。例如，一个行为可能引起痛苦或愉悦，它可能是非法的或合法的，公共的或私人的。然而尽管存在这种多样性，我们仍然认为所有这些行为都可以具有错误性的属性。

因此可以断定，对谢弗-兰多来说，不存在任何一个或一组自然属性是所有道德行为所共有，我们可认定其与善、恶、对、错等完全相同。道德属性的多重可实现性导致谢弗-兰多主张，道德属性是不可还原的，或像哲学家们喜欢的说法：它们是自成一类的。这就像我们在前一章对康奈尔派实在论进行的讨论：

> 我们能够想象行为具有道德正确性的无数情形。[康奈尔派实在论者，现在是谢弗-兰多]认为，在道德正确性的任何一个单独的实例当中，正确性都可以在非道德属性中被鉴别出来。但是他们声称，遍查所有道德上对的行为，都找不到一个或一组非道德属性为所有这样的情境所共有，并且道德正确性可以还原为它。（Miller，2003：139）

谢弗-兰多从心灵哲学发展出的第二个观点是实体二元论（substance dualism）和属性二元论（property dualism）的区分。当哲学家们断定我们不能将心灵状态还原为物理状态时，他们要么追随笛卡尔（[1641] 1996），声称心灵是一种不同于身体的实体；要么否认这一点而追随杰克逊（Jackson，1982），主张心灵属性与物理属性是迥然不同的。

谢弗-兰多的非自然主义道德实在论采取了杰克逊的路线。他不认为非自然的道德属性是一种非自然实体的属性，而是认为存在非自然的道德属性，它们是自然实体的属性。这意味着他不需要因另一种实体而使我们的本体论变得"人口过剩"。谢弗-兰多的理论比某些其他的非自然道德实在论者——比如神命论支持者，他们认为道德属性是非自然实体的非自然属性——更简单，它或许由于这一点而更好。

谢弗-兰多从非还原的心灵哲学得出的第三点相似性，是一个对于心灵状态如何随附于物理状态的解释。这或许是最复杂和有争议的那个议题。

前面说过，道德随附性主张，自然属性没有改变的话，就不会有道德属性的改变。实在论者如何能够尊重这个看似自明之理？对实在论者来说，一个相对直截了当的进路或许是将道德属性还原为自然属性。如果道德属性与自然属性是完全一样的，实在论者就可以解释随附性（杰克逊就是这样主张的，参见第4章），因为当然，在这种情况下，改变一种道德属性与改变一种自然属性完全是一回事。

然而，这并没有帮到谢弗-兰多，因为他认为道德属性不能还原为自然属性：对他来说，道德属性是不可还原的，或者说是自成一类的。那么他要如何解释这一看似自明之理呢：没有自然属性的改变就不可能有道德属性的改变？

谢弗-兰多认识到，心灵哲学中的属性二元论者会同样不得不应对这个问题，因为似乎的确若不改变某种物理状态的话，我们就不能改变某人的心灵状态——尽管这一点在有关心灵的情形中或许不如在有关道德的情形中那么明显。因此，他想要看看心灵哲学中的属性二元论者对说明随附性的问题给出了怎样的回答。

谢弗-兰多所使用的解释是这样一个主张：心灵状态完全是由物理状态构成的，但是它们不能被还原为那些物理状态。他的解释利用了这个观点：构成（constitution）与同一（identity）是不一样的。他说道：

85
根据我所喜欢的那种伦理非自然主义，之所以一个道德事实随附于许多描述性事实的一种特定连结，正是因为这些事实把所讨论的道德属性实现了出来。道德事实［随附于］描述性的事实，是因为道德属性总是完全由描述性事实实现出来的。（2003：77）

这个问题需要的讨论比我在这里能够提供的更多（参见 Mabrito，2005；Ridge，2007），但是我们可以用一个众所周知的例子来阐明构成与同一之间的区别。

设想有一尊泥塑雕像。我们可能很想说"是雕像"（being a statue）这个属性随附于"是黏土"（being clay）这个属性，因为不对那块黏土进行一些改变的话，我们就不能对那尊雕像做出哪怕一丁点儿的改变。例如，我们不能在不对那块黏土进行改变的情况下改变雕像的胳膊的位置。

我们认为的确是这样，因为黏土——并且只是黏土——构成了这尊雕像。然而这一点才是至关重要的：我们不想说那尊雕像与那团黏土是完全等同的。这是因为我们认为如果两个事物是同一的，它们将共享同样的属性，然而那团黏土具有的某些属性雕像并不具有。例如，黏土有这样的属性：甚至当你用一个大锤敲打它，它仍然是黏土；然而雕像却不具有这样的属性：当你用大锤敲打它，它仍然是雕像。由于属性方面的这个差异，我们可以说雕像与黏土不是同一的，同时我们也认为那尊雕像完全是由黏土构成的，随附性得到了尊重。

这一点与谢弗-兰多在道德情形中的论证相似。因为自然属性与道德属性有区别，我们可以说它们并不同一；然而，道德属性完全是由自然属性构成的，因此道德属性随附于自然属性。如果我们讨论这有多大的说服力，会进入形而上学领域，那就离我们当前的讨论太远了。但是这当然是个有趣的建议，也是值得进一步探究的。

总之，我们可以看到，通过借用心灵哲学中的非还原性解释，谢弗-兰多认为我们可以拒绝将道德属性等同于自然属性；他认为自己的非自然说明不是本体论上的过度，因为他并不需要一个新的非自然实体；并且他认为自己可以在不认可将道德属性还原为自然属性的情况下解释随附性。

　　然而，谢弗-兰多的立场现在开始听起来与康奈尔派实在论——它认为道德属性不可还原并且是可多重实现的，并且随附于自然属性——非常相像。似乎除非有一种方法把康奈尔派实在论与谢弗-兰多的解释区分开，否则谢弗-兰多就是一个自然主义的道德实在论者，或者康奈尔派实在论者终究是非自然主义者。

与哲学的对比

　　前面我们说过，对谢弗-兰多来说，表明道德属性是非自然属性的方法是认识论方法。因此，让他自己与康奈尔派实在论保持距离的方法就是应对如下问题："我们如何认识到伦理真理？"如果答案是"主要通过经验性研究"，那么这意味着伦理学确实就像是一门自然科学，而他的立场就会恰如康奈尔派实在论。

　　另一方面，如果伦理学通过先验研究而获得进展，那么伦理学就不像一门自然科学或社会科学，而道德属性是非自然属性。因此就能够表明他的解释区别于自然主义版本的道德实在论。谢弗-兰多通过与哲学学科的对比来支持后一选择。尤其是他认为，哲学活动是通过先验研究进行的；伦理学是哲学学科的一部分，因此它也是通过先验研究进行的。因此，伦理学不是一门科学，道德属性是非自然属性。下面我们略微详细地探讨一下这个问题。

　　让我们想一想哲学家是如何开展哲学研究的。例如，想象一下，你认识的一个形而上学家正在申请一笔研究经费，以资助她对共相、特普（trope）和可能世界的研究。当她作投标核算时，她需要分配资金用于购买新的实验室设备、实验服和安全装置吗？根本不需要！作为哲学家，我们关于是否存在可能世界、共相、自由意志、上帝等的信念是不依赖于在实证检验中获得正确结果的。可以说，哲学不是一门经验学科而是一门先验学科。

由于这个原因，谢弗-兰多认为哲学不是一门自然科学或社会科学。前面我们说过，自然科学和社会科学是以一种后验的方法被标识出来的。但是如果的确如此，那么没有哲学的哪个分支学科会是一门自然科学或社会科学。

伦理学是哲学的分支学科，这意味着它同样不是一门自然科学或社会科学。因此谢弗-兰多断定，如果道德属性存在，它们必然是非自然属性。这反过来意味着谢弗-兰多可以让自己与我们在上一章所讨论的综合性实在论者保持距离，因为他们确实认为伦理学最好被视作一门科学。理查德·博伊德（Richard Boyd）——一位康奈尔派实在论者——写道："我应该谈谈怎样理解这一主张——道德良善性的成分的性质是一个经验性问题。我的意思是，道德探究与科学探究之间的类似应该得到十分严肃的对待。"（1988：122）

鉴于以上各点，谢弗-兰多得出结论：

> ［康奈尔派实在论］描绘的图景我是全盘接受的，尽管我把自己认作一个非自然主义者。［我们］之间唯一的区别在于是否愿意把道德属性看作自然属性。而且，就我所知，眼下这个分类中唯一的重要性，是方法论和认识论方面的。具体地说，这个重要性在于我们是否愿意把伦理学看作一门科学，我们是否相信我们可以以与自然科学家和社会科学家在他们各自的学科领域发现真理完全相同的方式发现伦理真理［他当然不这样认为］。（2003：64）

谢弗-兰多对哲学的刻画是正确的吗？毕竟，像我们在论神命论那一节所指出的，对于实验哲学——其确实运用实验和经验性测试——的兴趣一直在不断增长。此外，我们之所以认为伦理学是哲学学科，理由可能不只是认识论和方法论层面的。或者我们可以采取一种不同的策略，主张有理由认为伦理学是后验地进展的，而这给了我们理由认为当我们进行伦理学研究时，我们不是在做哲学性的研究。

　　总之，谢弗-兰多试图辩护一种版本的非自然实在论。他使用伦理学是哲学的一个分支学科这个事实来论证道德属性是非自然属性。他认为他的非自然主义不像我们可能认为的那样奇怪，与还原论心灵哲学的相似允许他应对针对非自然道德实在论者的最常见担忧。这样一种解释的总体似真性仍有待观察。谢弗-兰多是元伦理学家们的一场新运动的参与者之一——他们认为非自然主义是一种真正的选择。

结语

　　实在论是有吸引力的，因为它能够抓住道德的许多特征。非自然主义是一种日益流行的理论，它的吸引力在于这个信念：伦理学不是一门科学，道德属性的规范性不能还原为自然属性。

　　新一波非自然主义者——比如谢弗-兰多——已经再次为这个争论注入活力，已经表明旧的担忧——例如，关于非自然实体的奇怪性和非自然实体如何能够随附于自然实体的担忧——如何不像我们最初认为的那样具有毁灭性。

　　尽管如此，许多元伦理学家会声称，一直以来我们过于仓促地接受了实在论。他们建议，我们能够抓住实在论者想要指出的道德的任何特征，同时又拒斥实在论。下一章我们将思考这样一种立场：准实在论（ *quasi-realism* ）。

记忆要点

- 非自然主义者有可能不是有神论者。

- 有神论者有可能不是神命论者。
- 属性二元论者有可能不是实体二元论者。
- 神命论者可以主张，人们使用道德语言时，他们指的是上帝的命令，不论他们是否信仰上帝。
- 我们有关神命论的讨论，不是关于我们可以怎样知道上帝的命令的，或者不是关于如果神命论正确我们可以怎样生活的。
- 非自然主义者有可能不是道德实在论者。

进阶阅读

谢弗-兰多的观点，可参见 Shafer-Landau（2003：ch. 3；2007a：ch. 16）。对规范性的讨论，参见 Korsgaard（1996）和 Finlay（2010）；关于神命论，参见 Quinn（2000），Joyce（2002）以及 Murphy（2008）。对心灵哲学中的非还原解释的概要介绍，参见 Lowe（2000：chs 2，3）。对实在论解释的一个概要介绍，参见 Cuneo（2007） 和 FitzPatrick（2009）。Shafer-Landau（2007c）着眼于神学实在论和道德实在论之间的相似之处，是一篇有趣的论文。关于什么是实存的、什么是自然的和非自然的，McNaughton（1988）有一个很好的一般性讨论。

思考题

1. 你会如何刻画非自然主义的特征？
2. 为什么人们可能接受非自然道德实在论？
3. 你怎么理解"规范性"这个术语？
4. 有些东西——比如种族灭绝——永远是错的吗？
5. 什么是随附性？

6. 存在一种或者一组属性，是所有道德行为所共有的吗？

7. 为什么人们可能会认为在构成和同一性之间存在区别？

8. 谢弗-兰多的论证援引哲学的性质来做出关于伦理学的判定，你怎么看他的这个论证？

第6章

准实在论

〰〰〰〰〰〰〰〰〰

> 有些哲学家喜欢自称为实在论者，有些喜欢自称为反实在论者。我怀疑正有越来越多的人希望彻底抛弃这个议题。
>
> ——布莱克本（Blackburn，2007：47）

本章目标

- 解释弗雷格—吉奇问题。
- 解释准实在论以及它能够怎样回应弗雷格—吉奇问题。
- 提出若干针对准实在论的问题。
- 描述试图在认知主义和非认知主义之间划界所带来的问题。

引　言

准实在论是从一种非认知主义立场出发的，如果我们首先考虑为什么非认知主义如其事实上那样发展，可能会更容易理解准实在论。非认知主义在摩尔的《伦理学原理》于 1903 年出版之后逐渐流行起来。尽管非认知主义者相信，道德词项不能被定义是摩尔的工作得出的真理，但他们同样认为，摩尔诉诸非自然属性来解释为什么道德词项不能被定义，是错误的。相反，非认知主义者拒绝实在论并且主张道德判断表达的不是信念而是非认知状态（*non-*

cognitive states）。非认知主义的吸引力部分地在于它似乎尊重了摩尔著作的洞见，同时不需要诉诸被认为在本体论上是成问题的非自然主义。然而，有个东西正出现在人们的视野当中，它将会使非认知主义者处于不利地位，从而改变元伦理学的局面，这就是弗雷格—吉奇问题（the Frege-Geach problem），某些哲学家相信它使非认知主义败局已定。

92　弗雷格—吉奇问题

弗雷格—吉奇问题乍看起来可能相当复杂，这令人遗憾，因为它的基本议题是相对直接的。然而这样的印象如何造成却是可理解的，因为弗雷格—吉奇问题已经产生出元伦理学中一些最晦涩和最具技术性的文献。本节的目标是对弗雷格—吉奇问题进行一个简洁清晰的概述。

在进入弗雷格—吉奇问题之前，我们首先需要重新唤醒一下我们对于非认知主义者所相信的东西的记忆。这就是：当我们做出一个道德判断时，我们表达非认知状态；我们选择的非认知状态的类型将会划分我们是哪种类型的非认知主义者。例如，艾耶尔（Ayer，［1936］1974）主张道德判断表达的是情绪；黑尔（Hare，1952）主张道德判断表达的是规约（prescriptions）；更晚近的吉伯德（Gibbard，1990）则主张我们的道德判断表达的是接受规范（norm-acceptance）的状态。此外，即使非认知主义者相信道德判断表达非认知状态，他们并不认为这在我们的言说方式中是显而易见的。非认知主义者和认知主义者都试图保持日常道德语言的本色。

弗雷格—吉奇问题

● 弗雷格—吉奇问题最早是由彼得·吉奇在指出如下两点

以挑战非认知主义时陈述的（Peter Geach，1958，1960，
1965）：（1）道德词项的意义在断言（asserted）语境与未
断言（unasserted）语境之间并不呈现差异；（2）在我们的
道德语言中，非认知主义者确实承诺了意义在断言语境与
未断言语境之间存在差异。吉奇认为这些观点暗含在弗雷
格对于"非"（not）的处理当中（因此才有"弗雷格—吉
奇"的叫法）。施罗德对于弗雷格—吉奇问题有个十分出色
的综述，可作参考（Schroeder，2008）。

　　简而言之，弗雷格—吉奇问题就是，如果非认知主义为真，那
么道德主张的意义就根据那些道德主张是否是断言性的而有变化。
然而，当我们反思我们的道德实践，我们并不认为道德主张的意义
会以这种方式有变化。因此，要么非认知主义是错误的，要么我们
关于道德语言如何运作的信念有错误。面对这个非此即彼的取舍，
最简单和最有吸引力的选择或许是拒绝非认知主义，因为我们可能
认为我们对于自己的道德语言如何运作具有某种权威。现在我们为
这个论证再补充一些细节，就从这样一个主张开始：对非认知主义
者来说，一个道德主张的意义随着这个道德主张是断言的还是未断
言的而有变化。

　　断言和未断言一个道德主张之间的区别是，如果我们实际上
（*actually*）在做道德判断，那么我们就是在断言一个道德主张。例
如，说"杀人是错的"，就是在断言杀人是错的。相比之下，存在
许多方式我们可以使用道德主张但实际上不断言它们。例如，我
们可以在条件句中（即"如果……那么……"）或者析取句中（即
"或者"）使用它们，我们可以报告人们相信什么，可以在疑问句
中使用它们。如果我说"如果用儿童献祭是错的，那么亚伯兰意图
用以撒献祭是错的"，这就是一个条件句——在这个条件句中我并
不是在断言用儿童献祭是错的。如果我说"用儿童献祭是错的或

93

者撒谎是错的"，这是一个析取句，我不是在断言用儿童献祭是错的。或者，如果我说"尼尔相信杀人是错的"，我是在报告尼尔相信什么；我不是在断言杀人是错的。最后，如果我问"用儿童献祭是错的吗？"这是一个疑问句，我不是在实际上断言用儿童献祭是错的。

如果非认知主义是正确的，那么当我们断言一个道德主张时，我们是在表达一个非认知状态；反之，如果我们不是在断言一个道德主张，我们就不是在表达一个非认知状态：因此如果我断定"用儿童献祭是错的"，我是在表达一个非认知状态，然而，如果我说"如果用儿童献祭是错的，那么亚伯兰意图用以撒献祭是错的"，那么——鉴于我不是在断言用儿童献祭是错的——我不是在表达一个非认知状态。

到目前为止我们需要记住的关键，是如下几点：第一，我们的语言当中有许多手段（devices）——比如条件句、析取句和疑问句——允许我们使用道德主张但不断言它们。第二，根据非认知主义者，如果一个道德主张被断言，说话者只是表达一种非认知状态。

当我们加上第三点——根据非认知主义者，一个主张的意义随着我们是否在表达一个非认知状态而有变化——时，这个问题就极其清晰了。根据非认知主义者，如果我们提出一个道德主张且表达了一个非认知状态，那么这个主张的意义与我们提出同样的主张但不表达一个非认知状态的情况下的意义将是不一样的。鉴于在道德话语中我们有时断言道德主张，有时使用道德主张而不断言它们，那么似乎如果非认知主义者是正确的，那么道德主张的意义就是不固定的。这是因为在某些情况下，我们表达非认知状态，在另外一些情况下我们不表达非认知状态。举个例子会有助于阐明这一点：如果我们断言"杀人是错的"，那么它将具有一种非认知意义；但是，如果我们说"如果杀人是错的，那么士兵们就不应该杀人"，那么——因为"杀人是错的"没有被断言——"杀人是错的"在这个条件句中将具有一种不同的意义。

　　这看上去颇为抽象，所以为什么非认知主义者应该对此感到忧心忡忡呢？答案是，因为认为意义以这种方式波动似乎是极其反直觉的。我们来看另一个阐明这一点的例子。如果我问"你认为杀人是错的吗？"你回答"是的，杀人是错的"似乎是完全令人满意的。然而对非认知主义者来说，这并不算是一个答案，因为当我问杀人是否是错的时，我不是在断言杀人是错的。但是当你回答"是的，杀人是错的"，那么你是在断言"杀人是错的"。因此，鉴于非认知主义者认为一个道德主张的意义将随着它是否被断言而有变化，那个回答的意义与问题的意义是不同的，因此"是的，杀人是错的"根本不是对那个问题的回答！如果非认知主义是正确的，那么"杀人是错的"作为答案，与"杀人是错的吗？"这个问题二者之间，就像——比如说——"火车站""冥王星"或"红宝石"三者之间一样风马牛不相及。为什么这对非认知主义者是个问题就很清楚了：它看上去是完全违反常识的。

　　我们再来看另一个阐明弗雷格—吉奇问题的例子，在这个例子中我们通过条件句而不是疑问句又将断言的和未断言的道德主张混合。思考一下：肯定前件式（*modus ponens*）中的条件句：

1. A

2. 如果 A 那么 B

　　因此，

3. B

没有什么比这更有效的了。此外，逻辑学家告诉我们逻辑是中立于主题（*topic-neutral*）的，这意味着不论我们想要用什么替换 A 和 B，这种形式的论证都将依然是有效的。例如，如果我们代以"猫是可爱的""如果猫是可爱的，那么它们应该被抚摩"，以及因此"猫应该被抚摩"，我们就得到一个有效论证。理解非认知主义者的问题所在的关键是，A 在（1）中是被断言的，但是——由于那个条件句——A 在（2）中是未被断言的。

所以，这意味着如果我们用一个道德主张代替 A，那么——由于对非认知主义者来说道德主张的意义随着它们是否被断言而有变化——A 将在（1）中意味着一个东西，而在（2）中意味着另一个不同的东西。这反过来意味着，对非认知主义者来说，如果我们使用肯定前件式形式的道德主张，那么那个论证就是无效的。这或许比上一个例子更加反直觉。换言之，非认知主义似乎承诺了否认肯定前件式是中立于主题的。为了阐明这个问题，我们来看一个具有肯定前件式的形式、以道德为其主题的论证：

4. 严刑逼供（torture）是错的。

5. 如果严刑逼供是错的，那么政府命令士兵严刑逼供是错的。因此，

6. 政府命令士兵严刑逼供是错的。

这看起来是有效的，但是对非认知主义者来说它不是有效的论证。在（4）中我们已经断言"严刑逼供是错的"，但是在（5）中，"严刑逼供是错的"没有被断言。因此，非认知主义者会认为，在（4）当中，我们是在表达一种非认知状态，但是在（5）中我们不是在表达一种非认知状态。因此，"严刑逼供是错的"在（4）和（5）当中具有不同的意义。但是如果存在意义的差别，那么那个论证就不可能是有效的，因为意义的这个混合暗示，这里犯了一个非形式谬误：歧义谬误（the fallacy of equivocation）。我们来举另一个论证的例子，它的无效也是因为犯了这个谬误：

7. 我的手放在这只鼠上。

8. 如果人们的手放在一只鼠上，那么它吱吱叫。因此，

9. 这只鼠吱吱叫。

这个论证之所以是无效的，是因为论证当中的词项的意义是有歧义的：在这个情形中，"鼠"在（7）中指的是一个计算机组件，

而在（8）中指的是一个动物。

弗雷格—吉奇问题表明，对非认知主义者来说，用道德作为 96 肯定前件式的主题，就是犯歧义谬误。

因此，我们已经阐明，把断言与未断言混合起来是多么容易。在我们的简单例子中，我们使用了一个疑问句和一个条件句。我们已经声称，语境的这个混淆意味着非认知主义者承诺了道德主张的意义不稳定，然而我们认为这是反直觉的。因此非认知主义者就面对着一个难题，因为我们并不通过说——举例来说——"肯定前件式是有效的，除非主题是道德时"，从而在我们的道德语言中制造出一个特例。

眼下，值得预先指出一个常见错误。经常有学生认为，通过表明把（4）—（6）改写为如下形式它就成为有效的，非认知主义者就能够轻易回应这个肯定前件式挑战：

10. 呸，严刑逼供！

11. 如果呸，严刑逼供！那么呸，政府命令士兵严刑逼供！

因此，

12. 呸，政府命令士兵严刑逼供！

他们声称，我们无疑保存了有效性而没有放弃任何对非认知主义来说必不可少的东西。问题是，这个"解决"没有抓住要领。在（10）中我们是在表达"呸，严刑逼供！"因此它具有一种意义。但是（11）不是在表达"呸，严刑逼供！"：（11）仍然是一个条件句，它是在描述一个我们可以表达"呸，严刑逼供！"的可能情境。因此，鉴于非认知主义者承诺了道德主张的意义是它们是否被断言的一个因变量，"呸，严刑逼供！"在（10）和（11）两者中就具有不同的意义。这个试图帮助非认知主义者的改写并没有帮到非认知主义者，这个论证依然是无效的，因为它仍然犯有歧义谬误。弗雷格—吉奇问题依然是个难题。

在本节结束之前，让我们思考一下，为什么对于认知主义者不存在弗雷格—吉奇问题（尽管这一点吉伯德并不同意［Gibbard, 2003］）。认知主义者可以主张，道德主题的肯定前件式像非道德主题的肯定前件式一样是有效的。对认知主义者来说，一个主张描述了什么，并不随着它是否被断言而改变。如果我们说"严刑逼供是错的"，那么我们是在把世界描述为某种样子；如果我们说"如果严刑逼供是错的，那么比尔所做的是错的"，那么"严刑逼供是错的"这个主张就是在描述一个完全相同但是可能出现的事态。

对认知主义者来说，一个道德主张的意义依赖于它的描述。由此推出，由于那些道德主张所描述的东西并没有什么不同，或者并没有不再是描述，不论它们是否被断言，那些道德主张的意义并不改变意义。这意味着对认知主义者来说不存在弗雷格—吉奇问题。对认知主义来说，同样的命题先是被断言，然后是不被断言。对非认知主义来说，困难在于不存在可类比于命题的态度。这可能导致我们得出应该拒斥非认知主义的结论。然而，准实在论认为这样的结论过于仓促了。

准实在论

准实在论的主要支持者之一是西蒙·布莱克本，为简洁起见，我们将聚焦于他的著作。布莱克本关于准实在论立场的写作是广泛的，其著作复杂、丰富且质量上乘。由于他视准实在论为一种仍在不断发展的解释性叙述（story），他的观点一直是处于变动之中的（实际上，他现在并不喜欢"非认知主义者"这个标签，但是我们目前不讨论这个问题）。我们将要处理的主要是他的早期著作——《传播信息》（*Spreading the Word*, 1984）*，这本书将让我们对他的总体方案略有认识。

---

* 感谢徐向东教授对此译名给出的建议。——译者注

布莱克本明确表示准实在论不是另一种立场，而是一个解释性方案。他给自己设定的任务是，解释我们怎会面临这样一种局面：我们的道德实践看起来好像是实在论的，但实际上实在论是虚假的。关于这一点，罗森这样写道："布莱克本的策略是构建一种立场——它在不加任何限定、不加任何保留或不对语言进行任何迂回重释的情况下，接受实在论的全部意义深长的修辞；但是尽管如此，可辨别出这个立场的精神是反实在论的。"（Rosen，1998：386）

这当然是为什么布莱克本称这个解释性方案为准实在论的原因：它与实在论相似或模拟了实在论，但是实际上不是实在论。布莱克本从非认知主义的出发点来着手解释我们的道德实践的实在论特点。那么，我们的道德实践的这些特点是什么呢？布莱克本列出了几项：

> 反实在论是否能够理解这样的想法，如"我很想知道斗牛是不是错的"，或"我相信斗牛是错的，但是有可能我在这件事情上弄错了"，或"不论我或任何其他人怎么想，斗牛都是错的"——这些主张断言了我们关心自己是否正确地把握了情况，断言了我们的可错性以及伦理相对于我们实际上的感受的某种独立性。（1993：4，强调由本书作者所加）

98

布莱克本主张，准实在论能够解释非认知主义者如何能够获得以这种方式说话的权利。事实上，布莱克本认为，准实在论不仅能够做到这一点，而且它做到这一点的方式可以使得非认知主义比实在论更加具有吸引力。这样，准实在论不仅是一种解释性方案，它也证成了非认知主义相对于实在论的优越性。

总而言之，布莱克本是一个非认知主义者；他认为道德判断表达非认知状态。然而，不像更早期的非认知主义者，比如艾耶尔，布莱克本并不想止步于此。布莱克本认为，我们需要对我们的道德实践的貌似实在论性质给予更多的尊重。准实在论是他给予这种尝试的名称：解释我们的道德实践的貌似实在论性质，即便实在论是虚假的。准实在论者就是指"这样的人：他从一种可辨别为反实在论的立场出发，发现自己逐步地能够模拟那些一般认为界定了实在论的智性实践（intellectual practices）"（Blackburn，1993：15）。下面我们就从弗雷格—吉奇问题开始，考察这个解释性方案的可信度。

布莱克本与弗雷格—吉奇问题

鉴于上一节我们所谈到的那些问题，布莱克本需要一个对于弗雷格—吉奇问题的回应。布莱克本一直在改进自己在这个特定领域的回应（例如 Blackburn，1984，1993，1998）。下面我们来考察他的首次尝试——他现在已不再接受这一点。理解布莱克本的回应的关键是敏感性（sensibility）这个概念。

敏感性就是人的一组心理倾向（dispositions）——它是人们面对某些情境将如何做出反应的根据。例如，敏感性可能包括对不公正感到愤怒的心理倾向，看到残忍的事情时想要哭泣的心理倾向，或者对善行感到愉悦的心理倾向。我们每一个人都有自己的敏感性。

99 似乎我们对某些敏感性的赞成超过对另外的一些；也就是说，我们赞成某些心理倾向的组合超过另外一些组合。特别是，我们偏好使人们在对情境做出反应的方式中表现出一致性的那些敏感性。我们更看重具有一贯的观点的人，我们感到我们能够赞成和认可这样的敏感性。

我们把这与那些导致人们以不一致的方式行为的敏感性进行一个对比。我们会认为它们具有布莱克本所说的"一种破碎的敏感性"（a fractured sensibility）。布莱克本将使用这种对于某些敏感性的赞成和对其他敏感性的不赞成，作为一种表明弗雷格—吉奇问题如何能够得到解决——至少在肯定前件式案例中——的方法。

再来看一看我们前面提到的肯定前件式论证：

4. 严刑逼供是错的。

5. 如果严刑逼供是错的，那么政府命令士兵严刑逼供是错的。因此，

6. 政府命令士兵严刑逼供是错的。

布莱克本需要的是一种方法，以解释为什么如果人们接受（4）和（5），理性地说他们就应该接受（6）；或者换言之，为什么接受（4）（5）的人就会抗拒否定（6）。重要的是，布莱克本必须作为一个非认知主义者——也就是说，在不谈到有效性和真理的情况下——给出这个解释。

为了看清他如何着手这一工作，我们必须首先根据非认知态度——比如说赞成和不赞成——来思考（4）—（6）。前提（4）是非常简单的——我们可以将其看作对严刑逼供具有不赞成的态度。那么条件句（5）呢？

对敏感性的谈论就是从这里开始。布莱克本的建议是，把（5）解读为一种对于某人的道德敏感性的态度：也就是说，"如果严刑逼供是错的，那么政府命令士兵严刑逼供就是错的"这个条件句是表达对于那些具有这样的敏感性——它既不赞成严刑逼供，同时又缺乏对政府命令士兵严刑逼供的不赞成，两者兼而有之——的人的不赞成的一种方式。

对敏感性的赞成与不赞成的引入因此给了布莱克本一个对于为什么如果我们接受（4）和（5）就不能否定（6）的解释；而这个解释不必提及真理和有效性。

接受（4）就会是不赞成严刑逼供。接受（5）就会是不赞成这样的人：他们既不赞成严刑逼供，同时又缺乏对于政府命令士兵严刑逼供的不赞成。

然而如果我们不赞成那些不赞成严刑逼供，但同时又缺乏对于政府命令士兵严刑逼供的不赞成的人，那么如果我们要做自我一致的人，我们自己就应该不赞成政府命令士兵严刑逼供。这样就推

出，理性地说我们应当接受（6）。如果我们不赞成（4）严刑逼供，不赞成（5）那些不赞成严刑逼供但同时又缺乏对于政府命令士兵严刑逼供的不赞成的人，但是我们自己缺乏对于政府命令士兵严刑逼供的不赞成——即如果我们否定（6），我们将会具有一种破碎的敏感性，是自我不一致的。因此似乎存在一种解释为什么（6）从（4）和（5）产生，为什么我们感到在这样一种情形中——（4）和（5）被接受，但是（6）被否定——已经存在方法的错误。

因此，对布莱克本来说，在针对道德情形的肯定前件式中，有效性的确并不是我们传统上设想的那种有效性，而毋宁说是一种关于持有一种自我一致或者非破碎的道德敏感性的有效性。

对于这样一个人——他支持（4）不赞成严刑逼供，支持（5）不赞成那些不赞成严刑逼供同时缺乏对于政府命令士兵严刑逼供的不赞成的人——布莱克本会说："任何一个人，如果他支持这一对主张，他一定持有作为其结果的那个不赞成：他承诺了不赞成［政府命令士兵严刑逼供］，因为如果他不承诺这个不赞成，他的态度之间就是冲突的。他有一种破碎的敏感性——这种破碎的敏感性本身不能成为赞成的对象。"（1984：195，强调由本书作者所加）

要记住的要点是，通过使用"我们可以赞成或不赞成人们的敏感性"这个观点，我们能够表明为什么当针对道德主题的肯定前件式实际上并不有效时我们会认为它是有效的。非认知主义立场因此开始看上去不那么反直觉了。布莱克本由此实际上已经开始对弗雷格—吉奇问题做出了回应。

针对这种进路有许多问题有待询问，例如，在什么意义上某个东西可以是一个作为后果的不赞成？"破碎的敏感性"是何种类型的错误？在其他存在断言与未断言语境的混合事例——如我们的问题"杀人是错的吗？"——当中这个进路如何能够有所帮助？

最终布莱克本（Blackburn，1998）放弃了这种进路及其"破碎的敏感性"的说法。不过，下面我们先把这个问题放到一边，因为布莱克本还没有涉及这个理论的"准实在论"部分。也就是说，尽管我们已经表明非认知主义者如何可能能够回应弗雷格—吉奇问题的这个表现形式，我们还没有听到一个理由来解释：为什么我们的语言已经发展到暗示道德主题的肯定前件式是有效的？以及，一般而言，为什么我们的语言一直以一种暗示实在论为真、尽管它为假的方式发展？

　　布莱克本使用了一个思想实验来表明为什么即使非认知主义为真，我们也有可能得出实在论。他要求我们想象我们的道德语言是纯粹非认知主义的，并不包含任何道德谓词，以此开始了他的考察。在这样一种语言中，我们不会说"杀人是错的"，或者"为慈善事业捐款是对的"；而是，这样一种语言"可能包含一个'hooray!'算子和一个'boo!'算子（H!，B!）——它们附于对事物的描述以产生态度的表达。H!（托特纳姆热刺队的比赛）将会表达对那场比赛的态度"（1984: 193）。然而，从这样一点出发，布莱克本认为如果这个纯粹表达主义的语言终究是要在我们的道德实践中有些用处的，它将不得不"变成一个严肃的反思性、评价性实践的工具，能够表达对于态度的改进、冲突、影响和融贯性的关心"（*Ibid.*: 195）。

　　因此，布莱克本的建议是，为了我们能够把一种纯粹表达主义的语言使用为一种道德语言，它将不得不发展道德谓词；而且除此以外，它将不得不演化以具有我们通常与实在论联系起来的那些特点。因此，换言之，一种纯粹表达性的语言将不得不演化以具有实在论的表面特点。正如布莱克本从一种纯粹非认知主义语言出发所说的，我们将不得不：

　　　　发明一个相应于那些态度的谓词，把承诺处理为**仿佛它们是判断**，然后使用所有自然手段来辩论真理。如果这是正确的，那么我们使用［未断言性］语境就没有证明一种表达性道德理论是错的；它仅仅是证明我们已经接受了某种已足以满足我们需要的表达形式。（*Ibid.*）

　　布莱克本的解释显然是实用主义的解释。我们要想以我们的道德语言来做我们想要做的事，它就不得不是实在论的。

在这一节中，我们已经显示布莱克本如何认为通过使用敏感性概念能够回应弗雷格—吉奇问题。此外，布莱克本主张，我们的道德语言已经从非认知主义发展到具有实在论的外观，因为为了道德语言恰当地发挥功能，实在论的语言是必须的。下面我们来讨论有关准实在论的若干议题。

拒斥实在论的三个理由

准实在论者说，实在论为假，但是他们能够解释为什么当思考我们的道德实践时，我们开始认为实在论为真。但是无疑我们正在被带偏；解释为什么实在论为真的显而易见的方式就是：它确实为真！

准实在论完全意识到这样的一个担忧，并且给出了拒斥实在论的理由。布莱克本有许多理由，但是我们只考虑三点：经济性（economy）、实践性（practicality）和随附性。前两点我会一带而过，主要讨论第三点。

布莱克本反对实在论的第一个论证是经济性论证。其基本思想是，从什么存在*和认识论的角度看，非认知主义比实在论更节约。非认知主义解释需要自然世界和人的非认知状态作为必要条件。实在论从存在和知识的解释的角度看更加"昂贵"，因为它要求道德属性和对于我们如何认识这些道德属性的某种说明作为必要条件。如果我们为了便于论证而同意最佳的解释就是最节约的解释，那么非认知主义就比实在论更可取。

第二个论证与道德心理学的议题有关——如果你们读了第8章，就会对这个议题有更好的把握。然而，在这里我们可以概述其基本思想。布莱克本主张休谟主义动机解释，这种动机解释是两个

---

* 即本体论。——译者注

观点的结合。首先，当某人具有动机，那么这始终是因为一个信念及与这个信念恰当地联系的欲望的在场。其次，信念不能蕴含欲望，因为信念和欲望根本上是两种明确区分的心灵状态。

除了休谟主义的动机解释，布莱克本还接受动机内在主义，粗略地说就是这种观点：如果我做出一个道德判断，那么我将必然有按照那个判断行动的动机。为便于论证我们还是承认这一点。内在主义在第 8 章有更详细的讨论。

现在我们已准备好看一看布莱克本反对实在论的第二个论证是如何进行的。如果内在主义为真，那么道德判断必然产生动机。如果休谟主义解释是正确的，那么动机要求欲望作为必然条件，而且信念不能蕴含欲望。似乎由此可以推出，道德判断不可能是信念，因为如果它们是信念，那么当我们做出道德判断时欲望可能不在场。但是那将意味着动机可能不从判断产生。然而如果内在主义正确的话，这在概念上就是不可能的。因此，道德判断不可能是信念。认知主义为假，因此随之实在论也为假。

相比之下，如果像非认知主义者认为的那样，道德判断是欲望（或者其他非认知状态）的表达，因此当我们做出道德判断时欲望必然会在场，一旦做出道德判断，我们必然会产生行动的动机。如此一来，鉴于休谟主义动机解释和动机内在主义为真，非认知主义似乎比认知主义更加可取。

最后，我们来考察"随附性"论证。回想一下，我们前面说过，道德随附性是指这样的主张：如果两个东西具有完全相同的自然属性，那么它们将必然具有相同的道德属性。如布莱克本所说："认为两个东西在每个方面都是完全相同的，然而其中一个比另一个更好，这似乎在概念上是不可能的。这样一种差异只可能在它们之间存在其他差异的情况下才会出现。"（1984：183）

例如，当面对两个堕胎案例——我们声称其中一个是错的而另一个是对的，那么若想不被指责概念混淆，我们就需要能够鉴别

103

出它们之间的某种不同。也许在一个案例中我们认为胚胎的神经系统已经充分发育，但是在另一个案例中则没有。布莱克本的问题是：实在论者如何能够尊重道德随附性？

对实在论者来说，方法之一或许是以自然词项定义道德词项，并且声称道德属性与自然属性是完全一样的。如果确实如此的话，实在论者就能够解释随附性，因为那样的话，道德属性的一个变化就会完全等同于自然属性发生的一个变化。如果道德属性就是自然属性，那么说两个东西在自然属性方面完全相同但在道德属性方面不同，就会讲不通。

然而，布莱克本认为回应随附性挑战的这种实在论方式过强（powerful），因为实在论者不应该承诺如下主张：在任何可能世界中，某种（些）自然属性将会确保——作为概念的或逻辑的必然性——一种道德属性在场。他认为这——我们可以仅仅通过充分理解那个（或那些）自然属性而"读出"一个道德属性在场——是难以置信的。因为允许我们声称某一特定道德属性在场的，是我们所拥有的理论。只有在我们的道德理论就位的情况下，我们才能说："给定一个自然属性，那么那个道德属性在场。"例如，如果我们的理论说"痛苦是错的"，那么当痛苦发生时我们就可以说它是错的。并不是说理解自然属性——脱离于一种理论——就意味着我们知道道德属性必定在场。我们不能仅仅思考痛苦——而不依赖于我们的道德理论——就断言它是错的。布莱克本说：

> 一个东西的任何给定的完全自然状态给了它某种特定的道德性质（quality），这似乎并不是一种概念或逻辑的必然性。因为要辨别出哪个道德性质是由一个已知自然状态引起，意味着要使用标准，这些标准的正确性不能单纯通过概念手段来表明。这意味着进行道德化（道德的解释，*moralizing*），坏人会进行坏的道德化，但他不必是头脑不清。（*Ibid.*: 184，强调由本书作者所加）

随着这些准备就绪，我们就可以如此表述布莱克本对实在论的挑战：这样解释道德和自然属性的关系——使得"概念上不可能认为如果两个东西的自然属性完全相同，它们当中的一个比另一个更好"（*Ibid.*：183），但是不要使用道德属性和自然属性之间存在一种概念或逻辑上的必然关联的方式来进行这个工作。布莱克本认为这样一个任务是不可能完成的。"随附性因此变成一个神秘事实——［实在论者］将无法解释它（或者将无权依赖于它来证明自己）。"（*Ibid.*：185）

当然，这只是表明，如果准实在论能够解释随附性的话，它就处于一个更有利的位置。布莱克本认为准实在论是能够解释随附性的：

> 随附性可以根据［对于表达的］约束得到解释。我们［表达］价值谓词的目的可能要求我们尊重随附性。如果我们让自己有了一个系统（即"道德化"*系统）——它就像日常

105

---

* shmoral/shmoralize/shmoralizing，是布莱克本针对错误论所面临的"为什么依然要遵循道德"难题（即正文中那段引文所指的一阶的实践决策问题），在辩护自己的准实在论方案的过程中引入的一个概念。布莱克本在《准实在论论文集》（*Essays in Quasi-Realism*）第 67 页，对 shomoralizing 概念有一个简单的说明："正如我在第八篇论文中说的，'shmoralizing'——有益于在没有一种实在论背景的情况下进行恰当的实践推理——就是 moralizing［道德化］"；以及第 152 页："……恰当的 shmoralizing 就是恰当的 moralizing。"而在第 149 页揭示了这一概念提出的背景。布莱克本说："……根据麦凯，日常的判断和疑难状况包括了一个假设：**存在客观价值**——而他否认这种意义上的客观价值存在。这个假设是根深蒂固的，可以说是日常道德词汇的组成部分或意义，但是它是虚假的。""如果一个词汇表体现了一个错误，那么如果能用一个避免了那个错误的词汇表代替它就会更好。稍微再准确一点说，如果一个词汇表在某种用法中体现了一个错误，那么如果要么它要么一个用来替代它的词汇表被以不同的方式使用，那会是更好的。我们可以通过这样说而更好地描述这一点：'**我们的旧的、被感染了的道德概念或思维方式，应该被能够满足我们的合法需要但是又避免了那个错误的道德概念或思维方式所代替。**'"正是在这种意义上布莱克本提出了"道德化"（moralizing）的一个可能的改进版本，即摆脱实在论假设的道德化——shmoralizing："肯定，如果我们完全避免了错误的道德观点，以某种更小的、得到净化的承诺——能够在不犯形而上学错误的情况下持有这些承诺——满足我们的需要，这是更好的。让我们把这些称作'shmoral'观点，把一个表达它们的词汇表称作'shmoral'词汇表。"（第 150 页）当然，布莱克本也就此提出了进一步的问题和分析。要更详细、完整地了解布莱克本的观点，可参见该书第 8 章 "Errors and the Phenomenology of Value"。本注释中的强调由译者所加。——译者注

的评价性实践一样，但不受制于任何这样的［随附性］约束，那么这将允许我们以在道德上不同的方式来对待完全相同的自然状况。这有可能是好的"道德化"（shmoralizing）。但是那将会不适合从任何一种指南到实践决策的道德化。（*Ibid.*：186，强调由本书作者所加）

布莱克本认为，任何道德系统如果不尊重随附性，那么它作为对于实践决策的指导都将会是无用的。然而，在根本上，一种道德实践必须是一个对于实践决策的指导，因此任何道德实践都会由于它是一个道德实践而需要尊重随附性。这意味着如果非认知主义为真，那么我们将不得不进化以把随附性整合到我们的道德之中。布莱克本对随附性的解释是实用主义的。如果我们的道德实践不尊重随附性，那么道德将是不适合其目的的。

鉴于这三个论证——经济性、实践性和随附性论证，布莱克本认为比之于实在论我们更应该接受准实在论。关于这些论证，可进行的和已进行的讨论都很多（参见下面的进阶阅读）。关于这些议题的进一步思考留给读者。在最后一节，我将考察一个对准实在论的挑战。这将使我们进入关于认知主义和非认知主义的一个更加一般性的问题。

非认知主义的定义性特点是什么，如果说存在这种特点的话？

在把本章和第 3 章的讨论纳入考虑的情况下，当一个元伦理学家说"我是一个非认知主义者"的时候，他要告诉我们什么？或许他只是以此作为"不要把我跟那些实在论者混为一谈"的简约表达。但是如果我们要进一步推进这个议题，我们会问：他会认为哪些观点将把他鉴别为非认知主义者？

有可能从这样一点出发：当我们做道德判断时我们是表达某种

东西；但是鉴于其笼统性，这看上去没什么帮助。如果我们问"表达什么"，可能我们又前进了一步。然而非认知主义者，比如斯蒂文森（Stevenson，1944）、黑尔（Hare，1952）、艾耶尔（Ayer，[1936] 1974）、布莱克本（Blackburn，1984）、吉伯德（Gibbard，1990），会给出不同的回答，因此这对于划分非认知主义和认知主义可能是一个过于粗糙的方法。然而，它可能还是有些道理的，因为这些哲学家都会同意，不论道德判断实际上表达了什么，它所表达的都不是信念。

　　或许我们有一个方法鉴别非认知主义立场：一个非认知主义者就是一个认为道德判断并不表达信念的人。这听上去很公平，但是这是什么意思呢？关于什么会把一个表达信念的道德判断与一个表达非信念状态的道德判断区分开来，我们还有其他可说吗？回答这个问题的一种可能的办法，是重新调用我们前面谈到过的这一点：如果道德判断确实表达信念，那么它们可以为真或为假。因此鉴别非认知主义的一种方法就是进一步考虑这一观点：道德判断不具有适真性。

　　回到准实在论。我们前面说过，在其能够解释我们的道德对话的表面特点的限度内，准实在论是成功的。在上文中我们提到了一些这样的特点：可错性；知道某个东西对或错的能力；谈论道德属性。然而有一个很关键的东西我们还没有提到。在我们的道德实践中，我们相信道德判断可以具有适真性：例如，当我们说，世界上有些人仍然得不到卫生设施、电和水，这在道德上是错的，我们认为这个主张或者为真或者为假。因此准实在论需要表明道德判断如何能够具有适真性，即使非认知主义是正确的。

　　准实在论者同意这需要解释，而且那个解释一定不能提到信念。这是因为，如果适真性就可以使信念的存在成为必然结论，那么在确保适真性时准实在论者将已经表明认知主义是正确的。对准实在论者来说幸运的是，有一种适真性理论根本不要求谈到信念。这个立场就是关于适真性的最小主义解释（the minimalist account

of truth-aptness）（注意不是关于真理的最小主义解释。参见第 10
章；Engel，2002）。

粗略地说，关于适真性的最小主义解释认为，如果一个实践
的核心主张看似具有适真性，那么它们就是具有适真性。最重要的
是，在这种情况下，关于那些主张是否表达了信念，对此没有需要
进一步提出的问题。为了最小主义者可以主张它的核心主张具有适
真性，一个实践必须具有哪些性质呢？这个实践中的语言将必须是
被规范的（对于恰当和不恰当的用法存在公认的标准），并且这个
语言所具有的句法特点将必须属于正确的类型（能够用于条件句
［如果……那么……］，否定句［非……］，合取句［……和……］
和析取句［……或……］中，等等）。

如果我们现在转向考虑道德实践，最小主义解释允许我们说
道德判断具有适真性。因为道德实践确实已经承认合适的和不合适
的用法标准。有时提出诸如"正直是对的""杀人是错的"这样的
主张是适宜的，有时是不适宜的。此外，我们可以使用条件、否
定、合取和析取等句式的道德主张。因此，道德话语既是被规范
的，又具有必需的那些句法特点。

由此得出：如果关于适真性的最小主义解释是正确的，那么道
德主张就属于可以为真可以为假的那类东西。通过得出这个结论，
我们已经做了准实在论想要做的事情：我们不需要对信念、道德属
性或描述做任何讨论。准实在论可以利用关于适真性的最小主义，
从一种非认知主义的出发点来确保我们道德实践的一个貌似实在论
的核心特点——适真性。因此，准实在论者会觉得关于适真性的最
小主义具有吸引力，就一点也不令人感到奇怪。

然而，如果我们考虑在本节中到目前为止所讨论的东西，一个
担忧就出现了。想一想本节一开始的那个问题："是什么鉴别出一
个非认知主义者？"我们以如下主张回答了这个问题：一个非认知
主义者主张道德判断不具有适真性。

　　然而，似乎准实在论者有好的理由接受关于适真性的最小主义解释，这样一来就接受了道德判断具有适真性。但是如果准实在论者这样做，似乎他们将很难把自己认定为非认知主义者。这样就存在一种危险：用布莱克本的话说，即准实在论"咬了自己的尾巴"。赖特如此概括这个挑战：

　　　　要么［准实在论］失败了——在这种情况下，［准实在论］毕竟没能解释启发了它的［非认知主义］如何能够令人满意地说明被讨论的语言实践［例如适真性话题］；要么它成功了，在这种情况下，它补偿了［非认知主义］一开始打算否定的一切：亦即被讨论的那个话语的确是断言性的，是以真理为目的的，等等。（Wright，1987：35）

　　读者应该问：准实在论者可以怎样回应这类挑战呢？一个路线是把非认知主义刻画为这样的观点：它认为道德判断具有适真性，但是道德判断表达的是非描述性信念。这与认知主义——它声称道德判断具有适真性，并且表达描述性信念——形成了反差。描述性信念与非描述性信念之间的这个区分将意味着认知主义和非认知主义处于对立的阵营。

108

　　当然，这引起了如下问题：到底什么是"非描述性的"信念？我们将在第 10 章讨论特里·霍根（Terry Horgan）和马克·蒂蒙斯（Mark Timmons）的非描述性认知主义时，对这个问题略作讨论。尽管如此，如下一点是清楚的：如果布莱克本能够充分地表明道德判断表达非描述性信念，那么他就能够更好地表明如何去尊重道德实践的实在论特点，同时仍然忠于非认知主义。

结　语

　　非认知主义从摩尔的开放问题论证的角度看似乎具有极大的吸

引力，因为它可以尊重他关于道德判断的实践性质的论证的洞见，而不需要接受他关于非自然属性的实在论结论。然而，弗雷格—吉奇问题似乎完全破坏了非认知主义，以至于只给我们留下了反实在论和认知主义的选择，但是这就等于错误论（第 3 章）。鉴于这些担忧，布莱克本承担起辩护非认知主义的任务，他认为，尽管非认知主义是正确的，我们也能够解释为什么我们像认知主义者一样行为和言谈。

我们提出了一个准实在论所面临的困境。要么它是正确的，我们不能把非认知主义鉴别为非认知主义；要么我们能够鉴别非认知主义，但是准实在论不能抓住我们的道德实践的所有特点。举例来说，关于适真性的最小主义允许准实在论者说道德判断具有适真性，但是在这样做时排除了划分非认知主义和认知主义的关键方法。

最后，我们提出，如果准实在论者可以声称道德判断表达非描述性信念的话，我们就可以避免这个困境。可以说，采取这个路线将意味着准实在论可以表明非认知主义者如何可能尊重道德实践，但同时允许一种划分非认知主义和认知主义的方法。

记忆要点

- 非认知主义者并不相信我们说着一种不同的道德语言。
- 弗雷格—吉奇问题在存在断言的和未断言的语境的任何地方发生；特别是，它可以在肯定前件式情形之外发生。
- 准实在论承诺的是某种解释性方案而不是一种立场。
- 关于适真性的最小主义与关于真理的最小主义是不同的。

进阶阅读

关于弗雷格—吉奇问题的出色综述和布莱克本的回应，参见 Miller（2003：chs 3，4）。关于弗雷格—吉奇问题及其历史背景的综述，参见 Schroeder（2008），如果想要更详细地了解，参见 Schroeder（2010）。关于反实在论的一个优秀综述，参见 Blackburn（2007）；布莱克本处理准实在论的论文集，参见 Blackburn（1993）。关于表达主义的近期发展，参见 Sinclair（2009）。关于适真性的最小主义、真理和实在论的一个出色说明，参见 Miller（2007：ch. 9）。

思考题

1. 什么是断言的和未断言的语境？你可以给出一些例子吗？
2. 什么是弗雷格—吉奇问题？
3. 什么是准实在论？它如何区别于情绪主义（第 2 章）？
4. 什么是"敏感性"？为什么布莱克本认为敏感性有助于解决弗雷格—吉奇问题？
5. 什么是随附性？为什么它可能导致针对实在论的难题？
6. 什么是关于适真性的最小主义理论？

道德相对主义

> 甚至在道德哲学中，[相对主义]可能也是迄今为止最荒谬的观点。
>
> ——威廉斯（Willams，1972：34）
>
> 对相对主义的大多数哲学讨论，目的都是确定其明显的虚假性。
>
> ——黄百锐（Wong，2006：xi）
>
> 我一直都是一个道德相对主义者。从我有思考它的记忆以来，这一点在我看来一直是显而易见的：道德命令是从某种习俗或理解当中产生出来的，不存在适用于所有人的基本道德要求。多年来，这一点于我而言都是显而易见的，以至于我认为它对每个人，至少是每个对这个问题有所思考的人都是直觉的观点。
>
> ——哈曼（Harman，2000：77）

本章目标

- 概述言说者相对主义和能动者相对主义并对二者进行区分。
- 概述赞成相对主义的动机。
- 提出一个既针对言说者相对主义也针对能动者相对主义的难题。
- 表明与相对主义相关的议题如何同样相关于对意义、真理和外在理由的讨论。

引　言

相对主义可能需要一个优秀的公关助手。在哲学讨论中，如果你能够表明你的对手持相对主义立场，那么你就几乎已经算赢了。称某人为一个"相对主义者"很少是个恭维，甚至职业哲学家的写作也倾向于仿佛能够证明一种立场若导致相对主义，就足以令人质疑它的真理性。这是不公平的。"相对主义"涵盖了众多精巧且得到广泛辩护的立场，尽管我们不能考虑所有这些立场，我们下面还是会讨论其中的两种：言说者相对主义（*speaker relativism*）和能动者相对主义（*agent relativism*）。我选择这两种相对主义观点，是因为它们突出了元伦理学广泛的议题范围，并且抓住了大多数形式的相对主义所面对的一些最紧迫问题的要点。

能动者相对主义

能动者相对主义者主张，一个人的行为的对错依赖于他或她的道德构架。举例来说，约翰反对动物实验，这是对的，当且仅当反对动物实验是由约翰的道德构架所规定的。这之所以是相对主义，是因为一个行为可以在关联于某个人的构架时是对的，而在关联于另一个人的构架时是错的。在我们的例子中，反对动物实验可能因为约翰的道德构架而对他来说是对的，可能因为蒂姆的道德构架而对他来说是错的，因为马特的道德构架而对他来说又是对的。

道德构架就是一组由我们所持的价值观、标准和原则产生出来的规则，告诉我们在不同情境中如何做出反应。例如，我们可能相信生命是神圣的，因此拥有一条认为堕胎非法的规则，或者我们可能相信慈善比生活奢侈更重要，因此选择去帮助乐施会。

我们应该清楚，能动者相对主义不是指这样的立场：它认为对

112

和错就是一个人所选择的，或者仅仅因为我们足够想要，我们就有去做任何事的道德许可。理由很简单：我们所做的选择可能与我们自己的构架所规定的不一致。如果我们所做的选择不是我们的构架所规定的，那么——根据能动者相对主义——我们所做的将在道德上是错误的。

道德构架是由我们所持的价值观、标准和原则产生出来的，因此它们（道德构架）将依赖于人们发现他们所处的语境。例如，如果我们由俗世的开明父母抚育长大，我们可能拥有一条允许堕胎的规则；但是，如果抚育我们长大的父母是天主教徒，我们就不会有这样一条规则。这里，有两点十分重要：其一，相对主义者声称，不存在共享的、普遍的构架；其二，说一个道德构架比另一个"更加正确"，这是毫无意义的。

如果我们考察一些例子，我们能够开始看出为什么能动者相对主义有可能是正确的。这些例子是要使我们开始思考，某人的行为要是正确或错误的，必须具备哪些条件。

（a）2010 年，一个钻井平台沉入墨西哥湾。由此导致的原油泄漏杀死了数以十万计的动植物，导致那个区域的自然环境枯竭，这是美国历史上有记载的最大一起环境灾难。这是一起极其严重的事件。我们会认为原油所"做"的在道德上是错误的吗？

（b）在 2007 年圣诞节这一天，一只名叫塔蒂阿娜的老虎由于围墙过矮而从旧金山动物园逃脱，导致一位游客死亡，一位受伤，发生这样的事是可怕的。老虎所"做"的在道德上是错误的吗？

（c）2009 年 10 月，《英国偶像》（UK *X Factor*）获胜者丽欧娜·刘易斯正在伦敦参加一场签书会，此时一个人突破了安保猛击她的头部。逮捕袭击者后发现，此人明显患有严重的精神疾病。这样的暴力是极其恶劣的。但是袭击者所做的在道德上是错误的吗？

我们会如何回答这些问题呢？鉴于原油甚至不是一个能动者，原油所做的是错的这个主张就是难以理解的。如果我们认为原油所做的是错误的，我们就会不得不开始因其"行为"而谴责各种各样的无生命对象，如碰到我脚趾的床，打到我手指的锤子，刺到我的栏杆，等等。这样太傻了。原油没有做任何在道德上错误的事。

那只老虎呢？嗯，我接受大多数人会说，即便那是个骇人的事件，老虎所做的不是道德上错误的。这个例子与原油的例子是不同的，因为老虎是有意识的，并且对于它的周围环境是有觉察的。我们可以说老虎想要撕咬某人，甚至也许——让我们进一步假设——意图撕咬某人。然而，只是具有意识，想要和意图［做什么］并不足以保证我们可以对其赋予责任。在老虎的例子中，我们并不因为老虎所做的而责怪它。我们并不认为一只老虎或一只其他的动物，是一个道德能动者——它的行为可以是对的或错的。因此，考虑过这两个例子之后，我们就可以说，如果某个东西是无生命的，或者达不到人类所具有的那些心智能力，那么它们就不能采取有道德意义的行动。

在第三个例子中事情就变得更加困难。对这类议题，可讨论的空间很大，而且的确已经有很多的讨论（比如 Arenella，1990；Haji，1998；Rosen，2003；Guerrero，2007）。然而，直觉上，由于那个袭击者患有严重的精神疾病，我们很可能会认为袭击者的行为不是在道德意义上是错误的。主张发生这样的事是可怕的，不同于声称袭击者的行为在道德上是错的。我们之所以这么认为，似乎是因为鉴于袭击者的疾病和因此而受限的心智能力，进行道德思考的要求在某种意义上是超出他的能力的。

仔细思考这些例子时，我们发现似乎存在一个连续统。这个连续统的一端是无生命对象——它们显然不能做任何错事；接下来是动物——它们尽管有意识，却也是没有犯错的能力的；再接下来是那些心智能力受到削弱的人。我们挨个儿来看看每一种情况。然后在连续统的最远端大概就是机能正常的成年人了——他们的行为当然可以是对的或错的。例如，如果一个机能正常的成年人猛击某人的头部，那么我们会毫不犹豫地判断他的行为在道德上是错误的。

　　若这为真，那么或许能动者相对主义者就有所发现。这个连续统所暗示的是，实施行为的那些人的各种不同的心智能力将影响他们的行为的对错。重要的是，这意味着我们不能不加限定地说某一类型的行为是对的或错的。

　　然而，一旦我们已经认识到行为的对与错将依赖于关于能动者的某种标准，我们就不得不更加细致地考虑这些标准。能动者相对主义者的观点是，一个能动者的道德构架应该是这些标准的一部分，应该是构成我们的判断的不可或缺的部分。我们将通过考虑来自吉尔伯特·哈曼的一些思想（Gilbert Harman，2000）展开这一点。

　　让我们想象一个能动者，她正在考虑是否去实施某个行为。她获得了尽可能多的信息，她对此进行了长时间的努力思考，最后决定去实施它。此刻，她已经小心地考虑了所有方面并做了没有任何人能够改变的决定：在这种情况下，我们可能会想说，能动者没有理由不去实施这个行为。

　　此外，由于我们把一个人的行为对还是错的问题与理由的概念捆绑起来，因此在这种情况下，如果能动者实施那个行为，那么我们就不能说她本不该实施它，因为我们已经确定她没有理由不去这样做。这意味着我们不能说她实施那个行为是做错了。以一个来自哈曼的例子为基础，再允许我进行某种程度的艺术加工，我们将使这一点变得不那么抽象。

　　让我们想象这样一种情境：你参与了与希特勒及其高级官员的一场圆桌讨论。讨论的主题是是否颁布"最后解决方案"——这个方案包含的是一个有组织地、持续地屠杀所有犹太人的企图。在听了一会儿之后，你开始插话，给出你认为特别明显的反对实施这个骇人行动的理由。然而，不管你拿出了怎样的理由，不管你给出了怎样的论证，不管你引用了多少事实，他们就是无法理解。他们听着，但是当你说话的时候他们摇头，茫然地看着你。你说道："但是所有人都是平等的！犹太人像你我一样有活着的权利。"

他们回答："但是犹太人跟其他人不是同类。"

你说："但是你们会带来巨大的苦难！"

他们回答："有些苦难为了更大的善当然是值得付出的。"如此等等。

希特勒和他的同党们看不到不去颁布"最终解决方案"的可能理由。不存在任何只要他们采纳就会有动机不去下那个命令的审慎思考。因此他们继续了那个骇人听闻的计划。

你们要向自己提出的问题是：你们是否认为希特勒有理由不去下那个命令。能动者相对主义者，比如哈曼，会说希特勒没有这样的理由，因为即使再多的审慎思考也不会让他改变想法。如果没有办法说服希特勒，那么声称希特勒有理由不去下那个命令就没有意义。因此，如果希特勒没有理由不去下那个命令，那么说他不应当下那个命令就不可能有意义。声称"希特勒不应当下那个命令，但是他没有理由不去下那个命令"会是多么怪异。然而如果我们不能说他不应当下那个命令，那么似乎我们就不能声称他下那个命令是错的。如果所有这些都是正确的，希特勒下令屠杀犹太人的行为就没有任何道德错误。

这是多么非同寻常的结论！为避免人们开始邮寄恐吓信给能动者相对主义者，我们必须清楚，在这样一个例子当中，能动者相对主义者并不是在纵容希特勒的行为。哈曼明确地说，希特勒的行为是"极度邪恶"的。此外，我们还做了许多规定以使这个例子有效。尽管如此，重要的是，如果我们宽厚地接受了这些观点，考虑到希特勒自己的道德构架，我们就不能说希特勒（这个例子中的能动者）所做的在道德上是错误的。

哈曼把希特勒的行为类比于一个老虎攻击了某个孩子的案例，他这样说：

　　假定梅布尔认为希特勒的行为是极其邪恶的，并且相信希特勒的价值观十分反常，以至于那些价值观没有为他提供任何理由不去采取他实际上所采取的行动。梅布尔因此或许认为希特勒某种程度上类似于那只老虎。尽管她判断希特勒是极其邪恶的，但是她发现，就像她不能判断老虎攻击了孩子是做错了一样，她不再能够判断希特勒采取他实际上所采取的行动是错了。（2000：60，强调由本书作者所加）

　　因此，似乎一个人的道德构架可以决定这个人的行为是对还是错。鉴于存在许多道德构架，并没有一个标准可以让我们说一个比另一个更好，我们就不能不加进一步限定地说一个行为是对的或错的。也就是说，我们应该接受能动者相对主义。

能动者相对主义的一个难题

　　围绕能动者相对主义有很多极其复杂的议题，我们下面简要地看一下其中之一。这个议题引入了一个更加广泛和一般性的元伦理学议题，也就是内在理由和外在理由的问题。为了理解为什么这样，我们必须回到关于希特勒的那个论证。

　　在由哈曼所启发的那个例子当中，我们声称，鉴于希特勒反常的道德构架，如果对于说服希特勒停止下那个命令我们无能为力，那么我们就不能说希特勒有理由停止下那个命令。无能力（inability）从他当前的动机进行慎思以便得出不去下那样的命令的动机，这一点使我们断定：我们不能声称他有理由不去下那个命令。这个关于能动者的理由与他的动机集合之间的必然联系的主张，就是所有理由都是内在理由的主张。

　　值得强调的是，这里涉及的"审慎思考"必须是出自能动者当前的动机。因此，能动者相对主义的论证要有效，情况就必须是这

样：从希特勒当前的动机出发不存在任何这样的慎思——若他进行
了这个慎思，他就具有了不下那个命令的动机。

为了更好地理解能动者相对主义者的论证，并且由于哲学家们
是区分动机性理由（motivating reasons）和规范性理由（normative
reasons）的，我们需要确保我们知道自己所说的内在理由是指哪种
理由。能动者相对主义的论证依赖于"动机性理由是内在理由"的
主张，或者"所有规范性理由都是内在的"的主张吗？答案是后
者。为了使支持能动者相对主义的论证有效，所有的规范性理由都
必须是内在的。接下来就让我们澄清一下动机性理由和规范性理由
之间的区别。

动机性理由是指我们所拥有的用来解释我们所实施的行为的理
由。例如，如果我具有一个动机性理由去跳入国家公园里冒着泡的
温泉中，那么这解释了我在其中游泳的行为。如果我有一个动机性
理由在击剑运动中练习我的回刺技术，那么这解释了我所采取的练
习的常规程序。

然而，这些不同于规范性理由，我们下面就继续围绕游泳的例
子来理解二者的不同。假设我没有认识到国家公园的温泉的水温达
到 110 ℃，如果我跳进去会丢了性命。在这种情况下，说我有一
个理由不要跳进去似乎是非常自然的。哲学家们称这样的理由为规
范性理由。尽管事实上我有一个动机性理由跳进去——我想游泳；
然而也有一个规范性理由不跳进去。当然，这些理由是可以聚合
（converge）的。如果我知道了水温，那么规范性理由就同样成为
我的动机性理由。但是在概念上它们是明确区分的，我们关心的只
是规范性理由。

这意味着，如果我们能够表明可能存在一个规范性理由，它不
是一个内在理由，那么我们就可以挑战能动者相对主义。讲得更清
楚一些就是：如果一个能动者有某个理由以某种方式行动——即
使他在从自己当前的动机出发进行慎思后也不能从这个理由获得动

机；那么这会对能动者相对主义形成挑战。如果一种观点认为这是可能的，那么它就是认为某些规范性理由是外在理由。

伯纳德·威廉斯（1929—2003）

- 剑桥大学奈特布里奇哲学教授。
- 关键文本：《伦理学与哲学的限度》（1985）。
- 关键主张：规范性理由是内在理由。如果某人有理由以某种方式行动，那么这个人就具有一个将通过采取那个行动来满足的动机。威廉斯拒斥外在理由的可能性。

　　事实上，与能动者相对主义者所认为的相反，似乎外在理由确实是存在的。让我们考虑一个由谢弗-兰多（Shafer-Landau，2003）所启发——而他又是受到米尔格拉姆（Millgram，1996）的启发——的例子。在罗杰·哈格里夫斯的"妙小姐"（Little Miss）系列丛书中，有一个叫作"害羞小姐"（Little Miss Shy）的人物。她

> 太害羞了，以至于连离开自己的小屋都做不到。她从不去买东西！对她来说，走进一家商店向人家要什么东西，这想想都吓人得很。所以，她在顶针儿小屋的园子里自己种植需要的食物，这样过着十分安静的生活。实际上太太太太安静了。
> （1981：3）

　　长话短说，在很多无眠的夜晚和许多的忧虑之后，她最后来到了滑稽先生（Mr Funny）的派对。在这场派对上，她最开始时感到不适，坐立难安。但是"每个人都来跟她说话，每个人待她都是那么好。渐渐地，派对时间越来越久，猜猜最后发生了什么？她不再脸红了。实际上她开始感到快活"（*Ibid.*：14）。尽管她感到有些虚弱，但总体而言她度过了愉快的时光，并开始跟安静先生（Mr Quiet）交朋友——她有史以来的第一个朋友！

118

如果几周后我问害羞小姐，她是否觉得自己那会儿有去参加派对的理由，她很可能会说"是的"。她现在能够看到，去参加派对使她能够更好地享受生活，她交了一些朋友，开始了新的规划，有了更多的新体验。她或许还可以加一句：如果她当时没有足够勇敢地去参加那场派对，这一切就都不会发生。

要把这个事例变成一个对于能动者相对主义的挑战，我们需要问：在害羞小姐去参加派对之前，她是否能够对此进行慎思以产生去参加派对的动机？大概这是不可能的。她受到邀请的时候感到想要呕吐、失眠，鉴于一直以来她所是的那种人，似乎绝无可能她可以通过慎思而具有去参加派对的动机。

这样就有了一个对于能动者相对主义者的论证的挑战。如果我们认为害羞小姐确实有理由去，但是又认为她绝无可能形成去的动机，那么我们就认为她是具有一个去的规范性理由——一个并非内在理由的规范性理由。换句话说，外在理由确实是存在的。尽管这是一个儿童故事，我们不需要太多想象力也可以看出这如何可以映射到日常情形中。正如谢弗-兰多所写：

> 确实许多各种各样的人都面对过这样的情况：如果他们将以某种方式"看向"他们逐渐习惯了的事物的图景"之外"，他们会发现自己具有的眼界、生活计划、境况比曾经他们能够想象的更加有价值。在这样的情形下，实现相关的益处经常要求性格的一个转变……那种只有那些做出这种转变的人才可能获得的善，可能是如此有价值，以至于使这一点确定无疑：不管这个人当前具有什么样的动机，他都有理由去做出必要的转变。（2003：186，强调由本书作者所加）

所以，把这些思考放回希特勒那个例子当中，如果外在理由确实存在，那么我们就能够声称希特勒有理由不去下那个命令，尽管事实上他可能没有办法从他当前的动机做出慎思而具有不下那个命令的动机。因此，尽管希特勒的道德构架规定了他下那个命令，可能仍然存在某种方式可以说他不应当下那个命令；如果他下了那个命令，他就是做了在道德意义上错误的事。这当然会与能动者相对主义直接冲突。

关于内在理由和外在理由、规范性理由和动机性理由存在许多议题（关于如何进入这些讨论，可参见章后所列书目）。对于一般的能动者相对主义和具体而言的希特勒的例子，我们同样还可以提出另外的许多问题。然而，我们现在还是转向对言说者相对主义的考察。

言说者相对主义

> 问：为什么那只鸡过了马路？
>
> 爱因斯坦答：那只鸡真的过了马路吗，还是马路过了鸡？

有些主张是相对的。例如，如果被问到"伦敦是不是危险"，我们很可能回答："这要视情况而定：相对于圣安德鲁斯，答案是'是的'；相对于喀布尔，答案则是'不'。"或者，当被问到法拉利的新量产车是不是速度很快，我们很可能回答说："相对于我的自行车而言，是的；相对于一架喷气式战机而言，不。"

有趣的问题是：我们是否应该以类似的方式把道德主张看作相对的？例如，当我们判断"杀人是错的"，我们认为这对所有时代、所有文化下的所有人都为真吗？还是最好将其理解为是相对于一个言说者的道德构架的？言说者相对主义者主张后者，他们认为没有哪个道德主张是绝对为真的。

但是为什么这是不同于我们刚刚讨论过的能动者相对主义的呢？我们来考虑一个例子。如果我说，"达尔富尔叛军的行为在道德上是错误的"，那么言说者相对主义者会对作为言说者的我的道德构架感兴趣。

另一方面，能动者相对主义者会专注于士兵作为道德能动者的行为。能动者相对主义者相信，士兵们行为的对错会依赖于它们是否被那些士兵的道德构架所规约。

因此这一点看上去是可能的：言说者相对主义者可能由于言说者的道德构架而正确地判断士兵们的行为在道德上是错误的，而能动者相对主义者则由于士兵们的道德构架而判断士兵们的行为在道德上是对的。下面让我们来考虑对言说者相对主义的一些进一步的限定条件。

根据言说者相对主义，当我做出一个道德判断，我在表达什么并不显而易见，只有与我的道德构架关联起来时才能判断其为真或假。然而，在这里我们必须小心地区分关系性（relational）与相对性（relative）。拒斥相对主义的人仍然能够对道德行为进行比较，因此做出关系性的道德主张。例如，他们可以主张，与偷窃相比，谋杀是更加恶劣的，或者与绞刑相比，注射死刑是更可取的。

尽管如此，这并不是我们说相对主义时的意思。如果我们思考一下关于我们刚刚说到的那些主张的真值，非相对主义者和相对主义者的观点会有怎样的不同，就可以阐明这一点。我们来考虑这两个主张："与偷窃相比，谋杀是更恶劣的"，以及"与绞刑相比，注射死刑是更可取的"。对非相对主义者来说，不论是谁在说这些话，它们都将为真或为假，也就是说，这些主张的真或假是超越人们的不同道德构架的。然而，对相对主义者来说，这些关系性主张的真值将依赖于人们的道德构架。所以，举例来说，如果我声称"与偷窃相比，谋杀是更恶劣的"，这可能为真；但是如果你这样声称，它就可能为假。

言说者相对主义是正确的吗？如果我们考虑人们实际上怎么说话，言说者相对主义初看（prima facie）似乎是错的：也就是说，当人们做出道德判断时，他们的意思并不是他们所说的应该被当作相对的。例如，当某人谴责关塔那摩湾的虐囚行为时，他并不以此去限定他的判断："对我来说那为真，但是对你那可能不为真"；当奥萨马·本·拉登称"西方"为一个"大恶"，他并不打算要为此加个"对我来说"的前缀。当提出道德主张时，我们的意思并不是它们是相对的，因此言说者相对主义似乎是不正确的。

当然，言说者相对主义者会想要声称，不管我们说话时我们想表达的意思是什么，这种理论仍然是正确的。这似乎会让言说者相对主义承诺如下这个缺乏吸引力的主张：由于我们意指的是一个东西，而真理是另外一个不同的东西，每次我们提出道德主张时，我们所说的都系统地、一律地为假。由于我们言说的方式，言说者相对主义者因此似乎被迫接受要么他的理论为假，要么它是一种错误论。

言说者相对主义者认为，他们可以通过更加努力地思考一个道德主张为真的条件来避免这种左右为难的困境。具体来说，他们区分了人们提出的道德主张的意义与一个道德主张的真值条件。这给了他们空间去主张：即便我们并不想要一个道德主张是相对的，它的真值仍然可能是相对的。例如，言说者相对主义者会说，即便当我说"虐囚在道德上是错的"我的意思并不是"在我看来，虐囚在道德上是错的"，虐囚是否是错的，其真值仍将依赖于我的道德构架。

这对言说者相对主义者来说是个可以走的好路径，因为我们可以认为在一个主张的意义和这个主张的真值条件之间存在某种密切的联系。

在这里，重要的一点是，我们不能仅仅通过指出人们并不作为相对主义者来言说和思考，就击败言说者相对主义，因为我们的道德主张的真值可能是相对的，尽管我们的语言并不把它的相对主义都"挂在脸上"。

122 **道德分歧：一个接受言说者相对主义的理由，同时，也是一个拒斥它的理由**

　　似乎这样的道德分歧情况是可以有的：尽管大家意见不一，但谁都没有犯错。直觉上，不论人们掌握多少信息，不论人们有多么理性，他们仍然可能发生分歧。例如，可以想象两个理性的，并且都接受过良好教育的人，他们一个是天主教徒，一个是非天主教徒，他们对堕胎问题存有分歧。此外，我们也能够想象，尽管出现了新的信息，或者他们进行了更多的慎思和讨论，但分歧仍然存在。

　　如果我们是道德实在论者，认为存在道德属性，这就会成为一个大难题，因此道德分歧经常被用作一个反对实在论的论据。因为，如果存在我们可及的道德属性——比如堕胎的错误性——我们会认为天主教徒和非天主教徒至少有可能对堕胎的错误性达成一致。换言之，如果存在道德属性，那么似乎任何分歧都将归于人们推理或认知能力当中的差错。因此，道德实在论看似不容许无过错道德分歧的存在，因此就不得不解释或者通过解释消除这样的信念：各方均无差错的道德分歧是可以存在的。

　　比较起来，相对主义者能够尊重这个直觉：这样的分歧是可能的。回到我们的例子来说，相对主义者会说，天主教徒和非天主教徒所拥有的决定他们的道德主张的真值的道德构架是不同的。这意味着由于天主教徒和非天主教徒具有不同的价值观，他们的判断永远不会聚合。他们并不是关于某个事实犯了错，或者进行了不正确的推理。因为他们具有不同的参照构架，他们不会达成一致。如果相对主义是正确的，那么我们所能期待的就只能是无差错的道德分歧。

　　相对主义者并不承诺"道德共识是不可能的"，因为两个人可以意见不一然而却有着同样的道德构架。在这种情况下，对事实进行反思、讨论和思考将会解决分歧。例如，如果两个天主教徒对于堕胎意见不一，经过讨论和反思，其中的一人有可能认识到他以往没有充分地理解自己的道德构架的意涵，从而与另一个人取得一致。这样，似乎言说者相对主义与我们对于道德分歧的日常经验是相符的。

　　我们可能认为，如果言说者相对主义是正确的，那么道德主张的意义将是相对于人们的道德构架的：也就是说，当我提出一个道德主张，我是在参照我的构架；当你提出一个道德主张，你是在参照你的构架。回到我们的例子：当天主教徒说"堕胎是错的"，他的意思是"在我看来堕胎是错的"，当非天主教徒说"堕胎不是错的"，他的意思是"在我看来堕胎不是错的"。

　　然而，如果这是正确的，那么我们就已经失去分歧，因为分歧依赖于共享的意义。如果我说"我的鼠吱吱叫"，而你说"没有呀"，然后我们发现我说的是我的宠物鼠，而你说的是我的鼠标，我们就会得出结论说，这里不存在分歧。在我们的道德例子中，如果天主教徒的意思是"在我看来堕胎是错的"，而非天主教徒的意思是"在我看来堕胎不是错的"，那么他们并不存在分歧，而是在各说各话（在第 2 章中我们讨论情绪主义、主观主义和相对主义时提到过类似的议题）。这对言说者相对主义者是个主要的困难。拉格纳·弗兰森这样谈到这个困难："对道德言说者相对主义来说，问题在于，它使得具有不同道德的言说者做出的道德断言是关于不同事物的（表达不同的命题），因此当他们卷入道德争论时，在直觉意义上他们并没有分歧。"（Ragnar Francén，2009：26，强调由本书作者所加）

　　然而，言说者相对主义者自信能够回应这个挑战。他们会参考上一节我们提出的那个主张：我们指出言说者相对主义者把意义和真值条件分开了。如果这是一种可能性，那么这将允许具有不同道德构架的人们之间存在分歧，而同时相对主义仍然为真。将会存在

123

真正的分歧，因为他们的道德主张可以有一个共同的意义，因此他们就不是在各说各话。然而他们依然会是相对主义者，因为那些主张的真值会是相对于言说者的道德构架来说的。

如果这一步骤是可能的，那么言说者相对主义者就可以说在天主教徒和非天主教徒之间存在一个共同的意义，尽管他们的道德构架是根本不同的。如果存在共享的意义，他们就能够存在真正的分歧而不需要是在各说各话。相对主义进场是因为在天主教徒看来"堕胎是错的"是相对于他的道德构架而为真，而在非天主教徒看来"堕胎不是错的"是相对于他的道德构架为真。因此似乎言说者相对主义者可以坚持相对主义，同时又能解释分歧的存在。约翰·麦克法兰这样总结道（尽管他是以"命题"来说的，但是为了论证的需要我们可以将其解读为"意义"）：

> 人们可能……对于有一天把［言说者相对主义］和分歧弄到同一幅图景中感到绝望。也许我们只是不得不做个选择？就是在这里相对主义者进来了，唱着她充满诱惑的歌："你可以两全其美，只要你接受［道德］命题……具有相对于一个人或一个视角的真值。当我说堕胎是错的而你否定这一点，你所否定的命题与我在肯定的完全是同一个命题。我们的分歧是真实的。然而这个命题可能对你为真而对我为假。"（John MacFarlane，2007：23—24，强调由本书作者所加）

因此，如果相对主义者能够表明意义可以保持恒定不变，但是真值条件是变动的，那么他们就可以坚持道德分歧的真实存在和相对主义。他们能够表明那一点吗？想要回答这个问题，任务是艰巨的，也会引发争议，但是我将只就为什么他们可以努力一下做几个评论。

言说者相对主义者的这个回应之所以引发争议，是因为它与一个相当直觉的观点有冲突：一个句子的意义决定了它为真的条件。举例来说，你或许认为"Je suis heureux"这一主张的真假，将依赖于其意义。如果它的意思是"我感到快乐"它就为真，如果它的意思是"我是个番茄"它就为假。大卫·刘易斯更多从形式的角度表达了这一直觉观点：

> 一个句子的意义决定句子为真或为假的条件。它决定句子在各种可能事态中、在各种时间、各种地点、对各种言说者等等的真值。（David Lewis，1972：173）

　　尽管这个观点可以并且已经受到质疑，如果它能得到辩护，言说者相对主义者就面对一个困难。如果言说者相对主义者声称，在人们有不同的道德构架的地方，可以有共同的意义，并且如果意义决定真值条件，那么似乎言说者相对主义者就承诺了在不同道德构架情况中存在共同的真值条件。但是，当然，为什么他们的立场现在应该被称作相对主义，就成了难以理解的事。如果真理和意义不是相对于个体的道德构架的，他们还剩什么是相对主义的呢？

　　所以，言说者相对主义者不得不回应这个挑战，要么通过否认意义和真值条件之间的联系，要么通过放弃言说者相对主义的最具吸引力的一点：它能够解释我们如何能够具有无差错的道德分歧。

结　语

　　相对主义比人们通常以为的更加复杂和精细。相对主义有许多不同的版本，我们只是集中考察了其中的两种：能动者相对主义和言说者相对主义。

　　能动者相对主义声称，如果一个能动者的道德构架规定了某个行为，那么如果能动者实施了那个行为，那个行为就是对的。尽管我们用来对能动者进行判断的道德标准与能动者的心智能力相关联这一点似乎是可信的，能动者相对主义的立场似乎也导致了某些反直觉的结论。为了看清能动者相对主义核心主张中的一个潜在问题，我们引入了主张内在理由的理论家与主张外在理由的理论家之间的争论——这是元伦理学当中的一个核心议题。

言说者相对主义要求我们关注言说者的道德构架，而不是实施行为的能动者的道德构架。言说者相对主义的似真性来自这一事实：似乎有可能存在无差错的道德分歧［分歧双方皆无差错］。一个担忧是，言说者相对主义者为了保住道德分歧会需要人们的道德构架之间有共同的意义。这意味着如果意义决定真值条件的直觉观点是正确的，言说者相对主义就会同样承诺在不同构架之间存在共同的真值条件。这样，相对主义者就有责任阐明他们的相对主义实际上相当于怎样的观点。

因此，似乎言说者相对主义者要么不得不表明在不同的构架间有共同的意义，要么不得不放弃存在真正的道德分歧的可能性。

126 记忆要点

- 拒斥相对主义的人仍然能够在道德行为之间做出比较，因此提出关系性的道德主张。
- 相对主义不仅宣称对道德主张的判断是相对于一种道德构架的，而且宣称不存在唯一的（*one*）真（true）道德构架。
- 相对主义者并不认为分歧本身导致相对主义。道德分歧是非相对主义者不得不做出解释的一个挑战。
- 我们不能仅仅通过指出人们并不像相对主义者那样言说和思考来击败言说者相对主义，因为我们的道德主张的真值可能是相对的，尽管我们的语言并不把它的相对主义特征"挂在脸上"。

进阶阅读

Williams（1981）是内在理由和外在理由讨论经常引用的一部经典著作。对于内在理由和外在理由的出色讨论，参见 Shafer-Landau（2003：pt Ⅳ）。Lillehammer（2000）是一篇较有难度的论文，对内在理由主张进行了攻击。关于相对主义的一个经典争论，参见 Harman & Thomson（1996）。对相对主义的一个概述，参见 Blackburn（2000）；对道德相对主义的一个简短介绍，参见 Levy（2002）。Boghossian（2006b）是关于一篇什么是相对主义的文章；Hales（2011）是关于相对主义的论文集。关于一个较有难度的对于分歧的延伸讨论，参见 Tersman（2006）。关于真值条件和意义的讨论，参见 Miller（2007）。

思考题

1. 言说者相对主义和能动者相对主义之间的区别是什么？
2. 你认为一个人的心智能力在多大的程度上影响其行为的对错？
3. 规范性理由与动机性理由之间的区别是什么？
4. 内在理由和外在理由之间的区别是什么？
5. 为什么言说者相对主义者在应对道德分歧问题时可能会遇到困难？
6. 我们可以是其他领域，比如信仰或数学领域的言说者相对主义者吗？

道德心理学

〰〰〰〰〰〰〰〰

　　当被问到他是否很长一段时间里都戴着人皮面具，他答道："没有太久，我有其他事要做。"

　　　　　　　　　　——艾德·盖因（Ed Gein，杀人犯，盗墓者）

本章目标

- 解释关于动机的内在主义和外在主义。
- 解释休谟主义对动机的阐释。
- 解释道德心理学议题的可能意涵。
- 概述对道德心理学的讨论的一些隐忧。

引言：无法"领会"

　　[精神病态者]对于可称作个人价值观的基本事实或信息是陌生的，他完全没有能力理解这样的事情。他不可能对严肃文学或艺术中呈现的悲剧、喜悦或人性追求有甚至丝毫的兴趣。对于生活自身之中的所有这些事情，他同样是冷漠的。美和丑（除非是在一种非常肤浅的意义上）、善、恶、爱、恐惧、幽默没有任何真实的意义，也无力驱动他。此外，他也缺乏能力看到他人被这些所驱动。就仿佛他对于人类存在的

这个方面是**色盲**，尽管他有敏锐的智力。不可能把这个方面解释给他，因为在他的认知范围内没有任何东西能够架起比较的桥梁。他能够重复那些话，流利地说他理解，但他绝无可能认识到他并不理解。（Cleckley，1941：90，强调由本书作者所加）

是什么使我们不同于精神病态者？什么是我们"领会"到而他们"领会"不到的？当我们把精神病态者作为道德能动者考虑时，他们所缺少的是什么？对道德判断为什么能够使我们产生行为动机的最佳解释是什么？这些是本章将要考察的问题。

关于精神病态者的一个令人震惊和费解的事情是，他们对于道德考量是超然的、冷漠的。他们始终不为所动、不关心某个东西是不是对、错、好、坏、值得赞扬或者邪恶，等等。基于道德考虑向他们恳求是徒劳的。指导他们的是另外一些关切：如何引起他人关注，如何满足性欲，如何赚钱，等等。相比之下，判断杀人是错的，对大多数人来说都是不要去那么做的充分理由。法律或社会也禁止杀人，这一点并不是必要条件。判断杀人在道德上是错误的足以影响行为。

然而，与动机的这个关联是什么呢？考虑一下，我们可能会怎么说杀人犯艾德·盖因呢？盖因声称他理解戴死者皮肤做的面具、用头皮制作汤碗是错的，但是看不到那与他如何行为有什么关系。借用上面那段引文中的说法，他只是在重复那些话并且说自己理解，但他事实上并不理解吗？还是，相比之下，我们认为他理解但是不在意道不道德的问题？

这里，相关的不只是反常心理的问题。想象这样一个情境：我们跟一个心智健全的朋友讨论毛皮贸易的问题，表面上说服了她穿戴毛皮制品在道德上是错的。第二天我们看到她穿着貂皮大衣，戴着灰鼠皮帽，穿着熊皮靴子。这令我们感到困惑，我们提醒她记住前一天的交谈。她回答："我知道穿毛皮制品是错的，但是我为什么要在意那个呢？"

　　我们会感到迷惑不解，就像对精神病态者一样，我们可能会尝试去合理化朋友的这种行为。不论我们断定她的行动理由是什么，有一点确实显现出来：我们要求一个对于道德判断与动机之间的联系的解释。

可能的解释：动机内在主义 VS. 动机外在主义

　　对于判断如何关联动机，有两种关键的解释可供选择。第一种是内在主义解释，它认为道德判断产生动机是一种概念必然性。内在主义者相信，一个人做出了真正的道德判断然而未能具有相应的动机，这在概念上是不可能的。因此内在主义者将声称，由于精神病态者和穿戴毛皮制品的人没有动机，因此她（这个内在主义者）先验地知道他们（精神病态者和穿戴毛皮制品的人）都没有做出真正的道德判断。

　　许多元伦理学家接受一种更弱形式的内在主义，比如迈克尔·史密斯（Michael Smith，1994）。这种形式的内在主义之所以更弱，是因为尽管在判断和动机之间仍然存在一种必然联系，却允许能动者做出了真正的道德判断但仍然不具有动机的情况。对弱内在主义者来说，这在如下情形中是可能的：能动者正在遭受抑郁、意志软弱等问题之苦。然而，我们将以上一段概述过的更强形式的内在主义继续我们的讨论。

　　第二种是外在主义解释，它认为如果道德判断能够产生动机，那么这是凭借能动者的欲望。这意味着动机是外在于道德判断的，因此，鉴于能动者可能有也可能没有欲望，道德判断就有可能产生动机也有可能不产生动机。因此，对外在主义者来说，道德判断与动机之间的联系就是偶然性的而不是必然性的。所以，举例来说，

129

外在主义者会说，如果我判断为慈善事业捐款是对的，那么仅当我有一个为慈善事业捐款的欲望时我才会有这样做的动机。然而，当然，有可能我没有那种欲望，因此我的判断可能没有使我产生动机。

因此，内在主义和外在主义之间关键的区分是，内在主义者认为道德判断和动机之间的联系是必然性的，而外在主义者认为这个联系是偶然性的。（有学者试图在两个立场之间找到一个中间地带，可参见 Simpson，1999。）

那么，我们要如何在内在主义和外在主义之间选择？这是个极难回答的问题。之所以如此，是因为内在主义者声称，我们能够把判断未能产生动机的任何可能情况描述为道德判断不是真正的道德判断的情形。这意味着那些所谓的反例实际上不是反例，因为它们不是真正的判断未能产生动机的情形。在这样的情况中，内在主义者会说，当能动者做出道德判断时，他们实际上是在假装或模仿道德实践；黑尔（Hare，1952）称这种道德判断为"加引号的道德判断"。例如，内在主义者会声称，当我们的朋友说尽管穿毛皮制品是错的但她没有不穿的动机时，她就并没有做出一个真正的判断。而是，当她说"穿毛皮制品是错的"时，她实际上的意思是"穿毛皮制品是我周围的人会判断为错的行为"。因此在这种情况下，并不是一个真正的道德判断未能产生动机，因此我们就不必拒斥内在主义。内在主义者认为，对于任何看似真正的道德判断未能产生出动机的情况，他们都可以重复这个步骤。

另一方面，声称道德判断可以是真正的但是可能不产生动机，这对外在主义者却不是问题。实际上，他们会声称，有时我们会预料到人们做出真正的道德判断却不产生动机，因为我们的欲望经常可以改变。在我们的例子当中，他们会说，那些穿戴毛皮制品的人确实做出了真正的道德判断，但是缺乏一种合适的欲望，因此未能产生动机。显然，我们不能仅仅通过引入越来越多的例子来推进内在主义者与外在主义者之间的争论；但是在寻找一个继续前进的方法之前我们确实需要对这些立场再多说几句。

四个澄清：心理学，行为，理由，非道德主义

首先，内在主义和外在主义之间的争论是关于道德判断与动机之间的关联的，而不是关于真（true）判断是否产生动机的。因此，举例来说，声称有些人判断"蒙骗小孩是好的"，有些人判断"对人处以私刑或不给人公平的审判等是好的"，而且他们还有动机去做这些可怕的事情，这与本争论是不相关的；因为关于什么能够为判断和动机之间的关联提供最佳解释的问题依然存在。证明虚假的道德主张可以产生动机并没有推进这个争论。

其次，对我们来说，关键的问题是，人们是否能够不产生去做他们判断为正确的行为的动机，而不是他们是否未能做正确的事，因为动机与行为是明确区分的两件事。例如，我们可能因为相信那样做是对的而有动机购买具有"公平贸易"标志的巧克力，但是未能事实上去购买。内在主义和外在主义关心的是动机，而不是行为。

再次，在元伦理学中有一个关于理由的争论，它集中关注这个问题：对道德判断与行动理由之间的关联的最佳解释是什么？关于理由的内在主义者声称，二者之间的联系是必然性联系；而关于理由的外在主义者声称，二者之间的联系是偶然性联系。（这个争论不同于上一章我们讨论过的关于内在理由和外在理由的争论。）然而，我们感兴趣的是动机而不是实践理由。

最后，在这个争论中，"非道德主义者"（amoralist）是有确切含义的。特别是，它不只是指某人是龌龊的或者某人觉得道德无关紧要。毋宁说，"非道德主义者"被定义为这样的人：他或她做出

131

了真正的道德判断，在心理上也是"正常的"，但是不能从某一具体判断中产生动机。事实上，给定这一定义，元伦理学家们有时从非道德主义者存在的可能性的角度来勾勒内在主义者与外在主义者之争的框架。因为内在主义者认为在判断和动机之间存在概念上的必然联系，她［内在主义者］认为非道德主义者在概念上是不可能的，而外在主义者则认为非道德主义者是可能存在的。

迈克尔·史密斯的论辩策略

使当代元伦理学聚焦于内在主义和外在主义的问题，在这一方面大概没有人比迈克尔·史密斯（Michael Smith，1994：第 3 章）做的工作更多了。

我们上文说过，在尝试推进内在主义和外在主义之争时是有一个困难的。史密斯提出了一种继续这个讨论的办法。他认为我们应该鉴别出一个内在主义者和外在主义者都一致同意的东西，然后表明这两种立场当中如何只有一个能够解释这个东西。

史密斯认为，内在主义者和外在主义者都会同意他所说的"显著事实"（the striking fact），这就是如下这个偶然性的经验性主张："*动机的改变可靠地紧随在道德判断的改变之后*"（Smith，1994：71，强调由本书作者所加）。通常看来，这似乎为真。例如，如果我判断投票给共和党是对的，那么我会具有这样做的动机。如果我改了主意，觉得投给民主党是对的，我就会转而投票给民主党。人们可能认为外在主义者不应该接受"显著事实"，因为它以某种方式有利于内在主义。然而，"显著事实"并未谈到判断与动机之间的联系的性质。它所说的只是，通常的情况似乎是，如果人们改变了他们的判断，那么他们的动机也会改变。因此，如果内在主义者和外在主义者都会接受显著事实，那么我们就应该接受最能对显著事实给出解释的那种立场。我们将看到，史密斯认为这一立场是内在主义立场。

内在主义对外在主义：外在主义者误解了我们的道德心理吗？

史密斯论证说，内在主义者在解释显著事实方面没有困难。对内在主义者来说，动机的改变可靠地跟随在判断的改变之后，是因为在判断和动机之间存在一种必然性联系，因此必然会推出判断的改变引起了动机的改变。例如，如果我判断去见贝丝是对的，那么必然我会有去见她的动机。如果我改了主意，判断去见芙蕾雅是对的，那么必然我会有去见芙蕾雅的动机。因此内在主义者在说明显著事实方面是没有困难的。然而史密斯认为外在主义解释的似真性较小。

对外在主义者来说，解释判断与动机之间的关联的，是能动者的欲望。因此，举例来说，如果我判断去见贝丝是对的，并且我有欲望去做正确的事情，那么我将有去见贝丝的动机。那么外在主义者会如何解释显著事实呢？是的，如果现在我改变了我的判断，认为去见芙蕾雅是对的，并且如果我有欲望去做正确的事，那么鉴于我现在认为去见芙蕾雅是对的，我将具有去见芙蕾雅的动机。因此，鉴于我保留了去做正确事情的一个一般性欲望，动机将可靠地跟随着判断的改变。这样，外在主义者似乎能够解释显著事实。

然而，史密斯认为这种外在主义说明误解了道德能动者的心理，因为外在主义者认为能动者对某些特定东西的欲望源自某个一般性欲望。例如，我们去见贝丝的［特定］欲望源自做对的事情的一般性欲望；而我们去见芙蕾雅的［特定］欲望同样源自这同一个做对的事情的一般性欲望。

问题在于，我们认为道德能动者是这样一个人：她或他的动

机是被事物的具体特点所激发的，而不是被一个持久存在的一般性
欲望——做对的事情——所激发的。举例来说，我们可能认为好
人会有欲望去帮助无家可归者，因为无家可归者饥寒交迫、孤单无
助。外在主义者会声称，好人并不因为这些理由而有帮助无家可归
者的欲望，而是因为这样做是对的。但是史密斯声称，这种解释意
味着一个善良的能动者的道德心理存在某种反常的东西。史密斯这
样说道：

> 好人非派生性地（*non-derivatively*）在意正直、子女和朋
> 友的祸福、同伴的福祉、人们得其应得、正义、平等，等等，
> 而不只是在意一件事情（做对的事情这个一般性欲望）……实
> 际上，常识告诉我们，如果我们的动机是以这种"只是在意一
> 件事情"的方式产生，那么这是一种"恋物癖"（*fetish*）或者
> 道德上的恶，而不是唯一的道德德性。（Smith，1994：75，强
> 调由本书作者所加）

史密斯认为，内在主义者和外在主义者都会接受这个经验性主
张：动机的改变可靠地跟随在道德判断的改变之后。此外，他认为
内在主义者对此给出了最佳解释。外在主义者能够解释显著事实，
但是代价是将一个好人变成了一个道德恋物癖者——一个被一般性
的泛化的欲望所驱使去做对的事情的人。因此，史密斯声称我们应
该接受内在主义立场。

这对史密斯的论证来说是个难题吗？

史密斯对一个善的道德能动者的刻画似乎是错误的。我们记
得，他不赞同这样的观点：存在一个去做对的事情的一般性的背景
欲望；他相信这个一般性欲望误解了善的能动者的心理。霍尔沃
德·利勒哈默尔提出的一个例子似乎对史密斯的主张提出了挑战：

考虑……这样一个案例：一位父亲发现自己的儿子是个凶手，他知道如果他不报案，他的儿子将逍遥法外，但是如果他真的去报案，他的儿子将会在毒气室结束自己这一生。这个父亲判断报案是对的，并且这样做了……如果驱使这个父亲告发他的儿子的是一个去做对的事情的［一般性的］持久欲望……，那么这可能是个可取之处，但是同等程度上也可能是个道德缺陷。为什么"一个人应该具有一个送他儿子去死的非派生性欲望"应该是一个先验要求呢？（Hallvard Lillehammer，1997：192，强调由本书作者所加）

134

或许因此史密斯的论证失败了，因为在有些例子当中，善的能动者可以有一个做对的事情的一般性欲望。也存在其他担忧。史密斯的论证要奏效的话，似乎做对的事情的一般性欲望就必须是能动者清楚意识到的。但是我们可能认为，这误解了欲望的现象学。特别是，我们可以具有这种背景性欲望：我们可能没有意识到它，但是它影响和改变了我们的行为。例如，某人可能具有一个想要健康的一般性欲望，但是并没有意识到它，或者具有一个过马路的欲望，但是从来没有意识到它。因此史密斯的论证可能依赖于一个不符合我们的日常理解的欲望解释。

为了解决内在主义和外在主义之间的争论，也许我们需要尝试另一个路径。内在主义和外在主义之间的争论是关于判断和动机之间的联系的，道德心理学当中另一个关键讨论事关动机的性质，而不是这个联系的性质。

休谟主义的动机解释

对动机的休谟主义解释——一种或许休谟本人并不持有的主张（Millgram，1995）——或许是元伦理学家中间被最广泛地接受的一种动机解释。这是因为它主要的主张是简单的、统一的，并且其正确性似乎如此显而易见。

这整本书中我们一直把信念说成是对世界的一种描述。例如，"屋顶上有个男人"这个信念可以被刻画为对这样一个事态的描述：在屋顶上有个男人。然而，描述似乎是"惰性的"；比喻地说，它们"只是待在那里"。它们敏感于世界是怎样，但是信念本身并不试图以任何方式改变世界。例如，如果我相信我的自行车的两个车胎都漏气了，但是发现只有其中一个漏气了，我的信念就会改变。具有这样一个信念本身不包含任何内容意味着我将努力改变世界，以使我有两个漏气的车胎。如果信念就是描述，就很难看出一个信念如何自身就会驱动我们。

是什么把推动力注入信念之中？一个自然的回答是，只有当我们欲求（desire）某个东西时信念才会驱动我们。回到我们的例子，如果我相信自己的一个车胎漏气了，但是想要去骑车，那么我会有动机去给自己的车胎充气。因此，与信念敏于世界是怎样的相比，欲望似乎试图让世界适应它们。（这种区分信念和欲望的方式有时被人们称作"符合方向"比喻 [*"direction of fit" metaphor*]，参见 Humberstone，1992）由于我想要骑车，我才会尝试改变世界——通过给我的自行车充气——以使其符合我的欲望。因此，若信念要具有动机力，似乎就必须存在某些欲望与那些信念恰当地联系起来。

当然，信念确实发挥着某种作用。例如，如果我想要减体重但是不相信锻炼有助于此，那么我就不会有锻炼的动机。所以，尽管看上去欲望给了我们推动力，信念同样是不可缺的。不过关键是，似乎欲望是动机的充分条件，与此同时，信念从来都只是必要条件。

因此我们可以说，直觉地看，某人有动机，当且仅当他有一个欲望以及一个与这个欲望恰当地联系在一起的信念。这是休谟主义理论的第一个部分。第二个部分是，在信念和欲望之间不存在必然联系。信念和欲望是两个明确区分的心灵状态。对于我们能够想到能动者具有动机的任何情况，休谟主义者都说这一点是可能的：能动者本来有可能不产生动机，因为他原本可能缺乏相关的欲望。

　　总而言之，对动机的休谟主义解释的接受度是最广泛的，它声称在任何情况下，只要能动者有动机，那么那个能动者都将具有一个欲望以及一个与这个欲望恰当地联系在一起的信念。此外，在能动者的确有动机的任何情况中，能动者都本来也可能缺乏那个信念或欲望，从而不能产生动机。这种说明之所以流行，是因为它很好地符合人们思考和言谈的方式。

休谟主义解释真的如此显而易见吗？

　　尽管休谟主义解释看上去是可信的，我们可能想知道它是否能够普遍为真。我们可以先验地知道任何存在动机的实例都会包含一个信念以及一个与其恰当联系在一起的欲望吗？第一个挑战必定是努力找到一个例子——我们认为动机出现在了这个例子当中，但是似乎不需要欲望在场。这并不是一个论证——哪怕是把它用于说服最动摇的休谟主义者都显得过于轻率；而是寄望于这样的例子将挑战这一假定：休谟主义解释很好地符合我们直觉地思考和言谈的方式。

　　举一个例子：想象你有一个恶毒的继母。她故意阻挠你的所有计划，她蓄意破坏你的恋情，总而言之，就是一个令人生厌的家伙。你一时糊涂向她保证，如果有一天她病了，你会去医院探望她。令你懊恼的是，她开始不舒服，被急送进了医院。鉴于你曾做出保证，你勉强承诺每周去探望她一次（你有些认为她是自作自受，以使你自己的做法说得通）。

136

这个案例当中你有去医院的动机。如果休谟主义解释是正确的，你就具有一个信念以及一个与其恰当地联系在一起的欲望。那个信念似乎是容易辨认出来的——你相信那样做是对的，因为你做了承诺——但是你的欲望怎样呢？表面看来，我们可能认为你没有去看望她的相关欲望——毕竟，你憎恨那个女人。谢弗-兰多这样说道：

> ［能动者］在这种情境中经常这样描述他们的动机：我想要屈服，向我的欲望［比如不去医院探望的欲望］投降。我之所以没有那么做，是因为我认为那样做是错的。我并不想要 x （挺身而出、承担责任、保持忠诚［去探望我的继母］），但我知道那是我的责任。我知道什么是必须做的并且那样做了，欲望（激情、需求、意向）见鬼去吧。（Shafer-Landau，2003：123）

当然我们现在给出的是一种不那么严谨的说法，我们的解释常常也是不完全的。而且，我们也有可能被我们实际上所具有的欲望欺骗，因此我们的解释往往未能给出涉及的所有因素。因此休谟主义者可能声称，尽管存在这种言说和解释的方式，尽管你感觉情况是那样的，但确实有一个欲望出现在了这种情况中。

对这些类型的例子，最佳的回应是什么呢？在某些情况下，休谟主义者可以争辩说，我们言谈的方式和现象学都应该退让，这样这些类型的案例就不会对他们造成不利影响。或者，我们也可以把我们言谈的方式和现象学作为更加重要的证据——在这种情况下我们就可能拒斥休谟主义解释，认为可能存在这样的例子：能动者能够具有动机，但是欲望并不在场。谢弗-兰多认为我们的解释原则给了我们理由去采纳后一选项而拒绝休谟主义选项。他问道，为什么我们应该

> 认为所有这样的证言［来自那些不援引欲望作为他们的部分行为动机的人］必定包含欺骗：或者是自我欺骗，或者意图欺骗听众？似乎相反，解释原则给了我们理由把做出这样的判

断只作为迫不得已的手段。常识告诉我们，一般情况下我们的欲望伴随并且常常激发我们的行动。常识也告诉我们有时欲望并不伴随和激发我们的行动。（*Ibid.*）

因此这里就存在一个冲突。休谟主义者通过指向这一事实——人们认为动机由信念和欲望组成——获得了对其观点的支持。但是，我们已经指出，人们同样谈到这样的一些情况：人们产生了动机但是却没有欲望。因此，似乎要么休谟主义者把人们如何思考和言谈作为证据，这样就使得他们的观点受制于这些类型的反例；要么他们不如此强调人们如何思考和言谈，如此就失去了对于他们的观点的支持。

如果一个人拒绝休谟主义解释，他可以主张道德信念有时对动机是充分条件，因此在这些情况中根本不需要有欲望。他也可以主张道德信念必然化了欲望，这导致行为者产生动机。或者他也可以主张，每次人产生动机时都有欲望在场，但是那并没有在动机的产生中直接发挥作用。当然，他甚至可以认为，信念和欲望之间的区别并没有抓住所有可能的心灵状态，沿这个脉络有些哲学家谈到了另外一种称作信欲（*besire*）的独特心灵状态（例如，参见 Zangwill，2008）。

由于我们已经对内在主义、休谟主义解释和认知主义做了介绍，我们就能够略述一个关于它们之间关系的至关重要的问题：这个问题十分重要，以至于迈克尔·史密斯（Michael Smith，1994）将其称为［独一无二的］那个"道德问题"（*the* moral problem）。

休谟主义解释，内在主义，认知主义：那个独一无二道德问题　138

在本书中，我们一直谈到三种立场所具有的直觉上的吸引力：休谟主义解释，我们刚刚对它进行了考察；内在主义解释，它声称在判断和动机之间存在必然性联系；认知主义，它认为道德判断表达信念。如果我们可以把三种立场都保留那当然好，但这是成问题的，事实上元伦理学家们常常以论证其中一种或几种观点的方式来反对另外的一种或几种观点。例如，他们可能主张，内在主义和休谟主义解释都是正确的，这表明我们应该拒绝认知主义（实际上我们已经在第 2 章和第 6 章表明这是非认知主义者支持自身立场的一个理由）；或者他们可以主张，认知主义和休谟主义解释都是正确的，因此我们应该做外在主义者。因此，元伦理学领域的许多实在论者——他们由于是实在论者而是认知主义者——同样也是外在主义者（例如 Brink，1984; Boyd，1988; Railton，2003），这并不意外。或者，有一些实在论者——并且因此是认知主义者——认为内在主义是正确的，因此拒绝休谟主义解释（例如 McNaughton，1988; Dancy，1993; McDowell，1998）。这个由内在主义、休谟主义解释和认知主义组成的不协调的组合，是理解许多元伦理学问题的关键进展的一种方式。下面我们就更加详细地考察这种不协调。

认知主义，是；休谟主义解释，是；内在主义，非

假定认知主义为真，道德判断表达信念。这样，举例来说，判断为慈善事业捐款是对的，就是表达这样的信念：为慈善事业捐款是对的。我们再进一步假定休谟主义解释为真。这意味着信念不能独自产生动机，并且在信念和欲望之间不可能存在必然联系。但是接受认知主义和休谟主义解释似乎迫使我们拒斥内在主义。如果道德判断表达信念，且信念不能必然带来欲望，那么一个道德判断有可能伴随一个欲望，也有可能不伴随一个欲望。但是鉴于我们假定欲望是动机的必要条件，这意味着道德判断可能产生动机，也可能不产生动机。但是这就等于拒斥内在主义——它声称道德判断必然产生动机。

休谟主义解释，是；内在主义，是；认知主义，非

假定休谟主义解释为真，动机仅当存在着恰当地联系在一起的欲望和信念时才是可能的，且信念不蕴含（entail）欲望。此外，假定内在主义是正确的。这意味着道德判断必然产生动机，因此道德判断不可能是在表达信念，即认知主义必定为假。因为，如果一个判断必然地与动机联系在一起，且信念不是能动者产生动机的充分条件，那么判断就不可能是信念。它们将会是欲望的表达（或更一般性地说，是非认知状态的表达）。

内在主义，是；认知主义，是；休谟主义解释，非

最后，假定认知主义为真，道德判断表达信念。此外，假定内在主义是正确的，道德判断必然产生动机。这意味着我们不得不拒斥休谟主义解释，因为它主张要产生动机，欲望和信念都是必需的；因此，作为信念的道德判断要每当一个人做出道德判断时都必然产生动机，必然会需要欲望的在场。但是要确保这一点，信念不得不蕴含欲望，而这一点是休谟主义解释明确拒绝的。

这种表面的不协调为我们提供了一种在内在主义与外在主义之间看似棘手的争论中继续前进的可能方法。因为如果这三者确实是不相容的，那么围绕休谟主义解释和认知主义的争论会使我们走向内在主义和外在主义争论的一个结论。

有趣的是，一些哲学家已经提出，三者是有可能都得到保留的——最引人注目的就是迈克尔·史密斯（Michael Smith，1994）。鉴于我们已经做出的讨论，如果这一路径能够成功，它将会是一个有吸引力的立场。

结　语

元伦理学的一些最核心的争论是涉及能动者心理的。在文献当中占据最多空间的两个争论就是内在主义和外在主义之争，以及休谟主义和反休谟主义之争。特别是，元伦理学家关注什么是对道德判断与动机的关联的最佳解释，以及如何对产生动机是怎么回事给出最佳的解释。

140　　　道德心理学所占据的核心地位，部分地要归功于它如何影响了元伦理学的其他领域。例如，如果你是一个内在主义者兼休谟主义者，那么你可能不得不拒斥认知主义；并且，鉴于实在论要求认知主义，你就应该拒斥实在论。因此我们可以看到，道德心理学的议题直接影响我们在本书中已经讨论到的其他领域。

此外，非认知主义的进展和吸引力部分地可追溯到这些心理学议题。接受非认知主义的直接好处就是允许人们坚持休谟主义解释和内在主义（例如，我们在第 6 章讨论了布莱克本的诉诸实践性的论证）。

我们想要保留认知主义、内在主义或者休谟主义解释吗？还是，我们应该尝试追随史密斯，保留所有这三者？

记忆要点

- 动机内在主义不同于理由内在主义。
- 史密斯的"显著事实"是一个经验概括，它不是要作为一个概念真理提出。因此内在主义者和外在主义者都能够接受它。
- 非道德主义者并不是指某人是龌龊的，或者某人不想做一个有道德的人；而是指这样一个人：她做了道德判断，然而不产生相应的动机。

- 关于动机的争论不同于关于行为的争论。
- 关于动机的争论独立于道德判断为真还是为假。
- 休谟主义解释包括这个主张：信念和欲望是明确区分的心灵状态；休谟主义者主张，信念从不蕴含欲望。

进阶阅读

关于内在主义和外在主义之争，Smith（1994：ch.3）是常被参考的经典著作。关于内在主义和休谟主义解释的讨论的一个很好的出发点，参见 Shafer-Landau（2003：pt III）。"那个道德问题"最早由 Smith（1994：ch. 1）所介绍和讨论。围绕这些议题存在大量经常十分复杂的文献。一些易懂的关于内在主义和外在主义的讨论，参见 Miller（1996），Smith（1996），Sadler（2003）和 Zangwill（2003）。一个关于心理学的经验研究可能会如何影响元伦理学的有趣讨论，参见 Roskies（2003）。一个对于休谟主义解释、认知主义和动机的出色且容易进入的讨论，可见于 Dancy（1993：ch. 1）。

思考题

1. 你认为一个精神病态者能够做出真正的道德判断吗？
2. 什么是内在主义？
3. 什么是外在主义？
4. 迈克尔·史密斯对外在主义的攻击是什么？它成功了吗？
5. 你认为道德信念可以在缺乏欲望的情况下产生动机吗？
6. 迈克尔·史密斯的"道德难题"是什么？

道德认识论

～～～～～～～～

我们应当独立思考，而不只是听从直觉。

——辛格（Singer，2007：1）

本章目标

- 解释认知倒溯论证。
- 解释并批判性地讨论怀疑论、直觉主义和融贯论。
- 解释为什么道德认识论会在元伦理学领域具有重要性。
- 讨论认识论在元伦理学领域的作用。

引 言

许多年前，在看一部纪录片时，我被片中一个穿西装的男人的叙述深深震惊：

> "我亲眼目睹了整个家庭被用来做窒息毒气实验，死在毒气室"……"父母，儿子，女儿。那对垂死的父母呕吐着，但是直到最后一刻他们仍试图通过人工呼吸来救自己的孩子。"

（BBC 电视片《普天之下》[*This World*]，2004 年 2 月 1 日）

彼时彼地我所知道的就是，用窒息毒气在政治犯身上做实验在道德上是令人憎恶的。这种结论的得出看上去是即刻的、不由自主的，而不是推论出来的。然而，道德怀疑论者认为有好的理由认为我们不能具有任何道德知识。他们会主张说，我不能知道在政治犯身上实验窒息毒气在道德上是令人憎恶的，或者对犹太人的大屠杀在道德上是错的，或者饥荒救济是一件好事。

142　　相比之下，其他元伦理学家对于道德知识的可能性抱更加乐观的态度。例如，直觉主义者和融贯论者会主张道德知识是可能的。本章的目标是概述怀疑论和其他几种立场，看一看它们如何与其他元伦理学议题相关联。我们最好从认知倒溯论证（*the epistemic regress argument*）开始。

认知倒溯论证

提出如下主张似乎是合理的：要知道某个东西［即具有关于某个东西的知识］，我们对它的相信就必须得到证成。例如，如果我们相信西班牙将会赢得足球世界杯，但只是因为一只章鱼把它的触手放在西班牙国旗上而相信这一点，那么我们就不是知道西班牙将会赢得世界杯。章鱼的动作并不证成关于谁是世界上最好的足球队的信念。我们需要对知识的证成（justification）。

倒溯论证始自这样的观察：如果我们有好的理由认为一个信念为真，那么这个信念就得到证成。例如，我相信我们晚饭会吃咖喱，如果我有好的理由这样想，那么这个信念就得到证成。从这个简单观点似乎产生了一个无限倒溯过程。我们看一个来自奥布里恩的有趣例子：

> 我的信念"本周本地的亚洲餐馆不会供应查纳普里（*chana puri*）这种食物"得到我的另外两个信念的证成："现在是斋月"和"早餐主厨在这个宗教节日期间是不工作的"。这样，信念 A［例如"本周本地的亚洲餐馆不会供应查纳普

里这种食物"］得到了信念 B［例如"早餐主厨在这个宗教节日期间是不工作的"］和信念 C［例如"现在是斋月"］的证成。这种证成是推论性的：已知 B 和 C，我推出 A 为真。然而，为了 B 和 C 发挥证成作用，我又进一步要求认为它们为真的理由。因此，就存在证成倒溯的危险。即使信念 C 得到了信念 D——我相信现在是斋月是因为我的日历这么告诉我——的证成，还是会产生又一个问题：我是否有好的理由去持有这个进一步的信念（例如"我的日历这么告诉我"），等等。（O'Brien，2006：61）

因此，似乎我们所具有的那些信念是通过从其他信念进行推理而得到证成的，但是这些其他的信念同样需要证成。依此类推，这个过程似乎可以无限继续下去。面对这个潜在无限的倒溯过程，我们似乎有四个选择：

（a）同意在信念中存在一个无限倒溯过程。

（b）声称倒溯停止于信念，但是这些信念未得到证成（怀疑论）。

（c）声称倒溯停止于信念，且这些信念非推论性地得到了证成（直觉主义）。

（d）声称倒溯不会无限进行下去，因为有些信念凭借其是一套融贯的信念的组成部分而得到了证成（融贯论）。

辩护（a）的过程中是有一些有趣的东西的（参见 Sanford，1984），但下面我们将关注（b）—（d），就从怀疑论开始。

认知怀疑论：道德信念不能得到证成

正如关于用政治犯进行毒气实验的报道所阐明的，怀疑论似乎是虚假的。我们确实知道用毒气杀人在道德上是错误的，就像我们知道蒙骗小孩和挑起大规模饥荒等是错的一样。

然而，怀疑论者认为，尽管我们对那些事情有那样的感受，我们却是错的，没有办法辩护这一主张：我们的道德信念是得到证成的。

他们采取的一个策略恰恰是破坏这种确定感。怀疑论者会主张，即使我们把我们的这种感受——某些事情是对的或错的——作为证明我们能够知道这些事情的对或错的证据，但是我们不应该这么做。例如，有越来越多极有吸引力的研究表明，我们认为具有确定性的那些感受实际上是变化无常的，可以通过改变一些因素——我们会把它们归类为没有哲学相关性的因素，比如性别、同理心、教育背景和时机等——来对它们进行操纵。

因此，举例来说，如果告诉人们一个故事，故事当中要求他们救五个人或者一个人（例如电车难题），他们的答案将会根据以下情况而有所不同：比如，故事是以第一人称还是第三人称讲述，是在其他两难困境之前还是之后讲述（例如可参见 Alexander & Weinberg, 2007）。正如斯泰西·斯温等人所说的：

> 就［我们的信念"某些事情就是对／错的"］敏于这些种类的变量而言，它们是不适合于哲学家们的要求的。［这些信念］所追踪的，不只是那些思想实验的哲学相关的内容；它们也追踪那些与思想实验试图处理的议题无关的因素。一个对某个思想实验进行思考的人的特定社会经济地位和文化背景，与那个思想实验是否呈现了一个知识个案应该是无关的。这种对于无关因素的敏感性破坏了直觉作为证据的地位。（Stacey Swain *et al.*, 2008: 141）

文化、生理厌恶或对家庭的提及，也许这些因素导致了我们确信"用政治犯做毒气实验是错的"。如果是这样的话，那么这似乎威胁到了这一主张：我们就是可以知道某些东西是对的或者错的。

这些见解连同倒溯论证一起，意味着怀疑论者可以挑战那些

144

认为我们能够拥有道德知识，从而对这样一个主张给出融贯的论证的人。

直觉主义者通过声称"由于有些道德信念是自我证成的，所以我们能够拥有道德知识"做到这一点；而融贯论者认为我们能够拥有道德知识，是因为信念能够由于是一套融贯信念的组成部分而得到证成。

然而，直觉主义——认为理解某些信念足以证成我们对于它们的相信——看上去有些奇怪。例如，我们可能发现很难看出理解为慈善事业捐款是对的如何证成了我们对它的相信。如果我们声称我们知道用政治犯做毒气实验是错的，但是认为我们不需要为此给出进一步的理由，那么难道这不只是固执吗？我们可能会认为直觉主义只是一个许可，它准予任何人声称对于任何东西都拥有道德知识。

那么融贯论——认为因为一个信念是一套融贯信念的组成部分，它就得到证成——怎么样呢？为什么这应该为真呢？毕竟，为什么把一个没有得到证成的信念放到一套信念当中，就突然意味着它现在得到了证成，这一点是不清楚的。这个证成是从哪儿来的呢？

在我们考虑直觉主义者和融贯论者如何面对这种挑战之前，我们再多谈谈怀疑论。怀疑论者认为，对我们的道德信念的证成是推论性的，而推理的路线是有尽头的。然而，这个链条上的最后一个信念没有得到证成，因此没有道德信念得到证成。以比喻的方式说就是：因为最后一个信念不能锚定于证成，这个信念链条是不稳定的，因而没有得到证成。如果这是正确的，那么我们从来没有在例如折磨儿童是邪恶的，慈善工作是善的，或者守诺是对的这样的信念上得到证成。

有必要提到这种怀疑论的几个限定条件和一个意涵。有大量的哲学立场被称作"道德怀疑论"，如认为道德主张不具适真性的观点，道德主张总是为假的观点，或者没有好的理由要求人做有道德者的观点。然而，本章中的怀疑论是关于证成的，是指这种主张：没有道德信念得到了证成。

此外，接受道德怀疑论不需要有任何直接的实践意涵。正如最知名的道德怀疑论者之一沃尔特·辛诺特–阿姆斯特朗所说：

> ［道德怀疑论者］做有道德的人的动机或者理由不必比他们的对手少。道德怀疑论者可以像非怀疑论者一样强烈地持有道德信念。道德怀疑论者甚至可以相信，他们的道德信念由于与一个独立实在相一致而为真。道德怀疑论者唯一必须否定的是，他们（或任何人）的道德信念以相关的方式得到了证成，但是这一点足以使道德怀疑论既引发巨大争议又极其重要。
> （Walter Sinnott-Armstrong, 2006: 8）

这种关于证成的怀疑论之所以重要，原因之一是它对元伦理学其他领域可能带来的影响。例如，它与实在论争论具有直接的相关性（参见第 4 章和第 5 章）。我们来简要地考察一下为什么会这样。

接受道德实在论的一个理由可能是，道德属性意味着我们能够拥有道德知识。如果杀人事实上具有"错"属性，那么我们可能就能够最终认识到这一点。然而，如果道德怀疑论是正确的，那么我们就不能拥有知识，尤其是，我们不能知道杀人具有错误性这个属性。如果怀疑论是正确的，并且因此我们的道德信念永远不能得到证成，实在论的吸引力可能看上去就小得多。实际上，认识论常常是实在论被拒斥的一个原因："许多人对道德实在论的怀疑，是在认识论根据上的怀疑。"（*Ibid.*: 100）

146　　鉴于存在对于尝试通过直觉主义和融贯论对倒溯论证给出回应的担忧，如果此外唯一的选择是接受怀疑论，那么我们就应该做更大的努力来回应这些担忧。我们将从直觉主义（c）即这一主张开始：有些信念是非推论性地得到证成的。

如果直觉主义是正确的，我们如何获得道德知识？

使得关于道德认识论的文献难以理解的一个因素是，"直觉主义"这个术语常常以两种不同的方式使用。有时它被用来描述一种被建构出来的道德理论，但在另一些情况下它又被用作一种关于道德信念如何得到证成的主张。当然，我们可以把这两种用法结合起来，以便我们可以借助于这个主张——通过理解某些道德信念，我们对他们的相信就得到了证成——为作为一种道德理论的直觉主义辩护（例如，参见 Ross, 1930）。但是这些观点是明确区分的，我们将忽略作为道德理论的直觉主义而紧紧围绕作为一种关于认知证成（*epistemic justification*）主张的直觉主义。

直觉主义认为，我们能够通过声称倒溯停止于非推论性地得到证成的道德信念，来回应怀疑论者。正如政治犯毒气实验例子所暗示的，在"怎样是合道德的"问题上直觉主义听上去是可靠的；它似乎符合作为道德能动者的现象学。所以，直觉主义者能告诉我们更多东西吗？

直觉主义：通过道德观察得到的道德知识

我们可能有的第一个疑问是：通过什么机制，或者借助于什么官能，我们能够最终具有这些非推论性地得到证成的信念？一般直觉主义者有两个答案；第一个聚焦于后验知识，第二个聚焦于先验知识。我们依次考察这两个选项。

如果你望向天空，你相信它是蓝色的这一信念得到了证成吗？或者，当你看这页纸，你相信它上面有字的信念得到了证成吗？在大多数情况下，你认为你是得到证成的，但是经过思考似乎这样的信念并不是通过从其他信念的推理而得到证成的。你只是注视某个特定的地方。观察似乎表明你能够知道某些东西，但这种知识并非基于推论性证成。

但是诉诸观察真的有用吗？毕竟，我们感兴趣的是道德知识，道德观察在这里不是显得有点奇怪吗？像"看到我的自行车脏了"或者"前门开着"这样的日常观察，似乎一点都不像我们对于达到道德信念的体验。我们应该如何理解"道德观察"这个概念呢？

如果我们认为观察限于这些种类的情况——在其中存在独立于心灵的事物，我们通过自己的五种感官与它们发生认知性的接触——那么道德观察就会是一种奇怪的观点。因为我们并不以这种方式经验到道德属性：我们并不看到错误性漂浮在持刀伤人的事态之上，或者从一个被偷的钱包中露出来。然而，麦克诺顿这样写道：

> 我们可能认为，唯一可被观察的属性是人的五种感官的"特有对象"：触感、形状和质地；听觉、声音，等等。如果我们接受对于我们所能感知的东西的这个简朴的说明，显然不仅道德属性，而且通常情况下我们让自己去感知的大量东西，严格说来都将是不可观察的。另一方面，如果我们准备允许这样的情况——我能够看到悬崖是危险的、史密斯是忧虑的，或者一个东西比另一个离得更远，那么似乎就没有理由对允许道德观察表现得那么神经质。（McNaughton，1988：57，强调由本书作者所加）

尽管这是一个有前景的进展方式，我们可以通过指出似乎道德观察只有以其他信念为背景才会发生，来对"道德观察给了我们非推论性的信念"的主张施加压力。例如，可能是因为你持有某一特定的道德理论，你才观察到一个情境的错误性。

然而，这将仅仅是反对直觉主义的论证的开始。要进一步威胁直觉主义，我们将不得不表明，不仅做出道德观察的人们具有大量其他信念，而且通过道德观察得到的信念是凭借那些信念当中的一些而得到证成的。例如，当我们形成"天上有云"的信念时，我们可能同样具有另外的信念，关于天空是蓝的、关于时刻的、关于晚餐我们要吃什么的，等等，但是这些信念并不证成"天上有云"这个信念。有些信念可能是相关的，有些信念则可能是不相关的；这与它们被用于证成"天上有云"的信念不是一回事。

148

因此，直觉主义者可以承认，当我们做出一个道德观察时，其他道德信念确实是在场的，并且我们并不孤立地形成非推论性的道德信念；但是同时又声称这些信念不被用作推论性证成。或许仔细想一想一个信念证成另一个信念是怎么一回事，能够有助于道德直觉主义者利用道德观察的观点。

直觉主义：通过先验反思得到的道德知识

我们或许认为道德观察的说法将以如下方式受到限制。观察的说法似乎对于我们的许多道德信念都是不适合的，尤其是对未来或假设情境。此外，道德观察给我们的似乎只能是具体裁断。我观察到这个或那个情况的错误性。观察如何给我们关于一般性主张的知识呢，比如"严刑逼供总是错的"呢？（有些理论家会否认我们能够具有这样的一般性知识，例如 Ridge & McKeever，2008。）

可以认为，通过声称凭借推理和反思我们能够获得非推论性地得到证成的道德信念，直觉主义与先验知识的相似性能够帮助应对这些类型的担忧。

对这种观点来说，关键是这个思想：有些道德信念是自明的。下面这段著名的引文就是关于可以被如此认为的那些种类的道德信念："我们认为这些真理是不言自明的：人人生而平等，并由造物主赋予了某些不可转让的权利，其中包括生命、自由和追求幸福的权利。"（《独立宣言》）或者谢弗-兰多的这个稍微不那么有名的说法：

> 这在我看来似乎是自明的：同等条件下，从他人的痛苦
> 中取乐，嘲弄和威胁弱势者，起诉和惩罚那些已知其无辜的
> 人，仅仅为了个人获得好处而出卖他人隐私，这些都是错的。
> （Shafer-Landau，2003：248）

当然，这些也许并不是真正自明的信念。尽管如此，这个思想的大意是，如果它们是自明的，那么理解它们就足以证成我们对它们的相信。现在我们就基于罗伯特·奥迪的研究（Robert Audi，1998），来厘清关于自明的许多错误想法及其所带来的人们对于这种形式的先验直觉主义（*a priori* intuitionism）的担忧。

（a）自明并不意味着绝无错误。尽管可能我们的确具有自明的道德信念，但这有可能对我们并不是显而易见的。在自明的道德信念的概念中没有任何东西意味着：如果我们认为自己具有一个自明的道德信念，我们就的确具有。因此，至关重要的是，直觉主义者不能声称对于道德知识具有垄断权，因为他们不能确定他们认为自明的信念事实上是自明的。

（b）对于什么是自明的，我们可以改变想法。假定我们承认我们理解某个自明的信念并基于这个理解而接受它。这并不意味着它迫使我们无论如何都坚持它。例如，如果"种族主义是错的"的确是一个自明信念，我们理解它并基于此而接受它，那么我们就知道它。然而，我们可以在某个时刻改变自己的观点。

（c）自明性不排除推论性证成。我们可以理解一个道德信念，然后因为理解它而开始接受它。这将会意味着我们知道它。然而这并不排除可以给出理由来说明为什么我们认识到它为真。关键在于，当我们具有一个自明的信念，那么，如果我们理解它并且相信它，基于此我们对它的相信就得到了证成。只要这一点就位了，我们就同样能够谈到理由、推理和解释，并且不会危害直觉主义。

有了这些限定，我们就能够看到直觉主义如何能开始回应针对

它的许多常见指控。

　　第一，人们可以指控直觉主义者是自大的。如果一个直觉主义者相信种族主义在道德上是可接受的，那么她可能声称她理解这一点［种族主义在道德上是可接受的］并基于此而接受它，因此，她就可能断定：她知道种族主义是可接受的。直觉主义是一个允许任何人断定他或她知道自己选择去接受的任何道德主张的授权吗？不是的。因为对于我们认为自明的信念，我们有可能犯错。所以，在我们的例子当中，种族主义者不能知道他关于种族主义的信念是否是自明的。因此，即使直觉主义为真，我们也仍然应该慎重地认为我们知道这个或那个道德主张。

　　第二，你可以是一个直觉主义者兼自然主义者。的确，有许多著名的直觉主义者，比如摩尔（Moore，［1903］1993），是非自然主义者，但是我们无须接受一种关于道德属性的性质的特定观点。因此，我们不能从"据说非自然主义是不可信的"来论证直觉主义是虚假的。

　　第三，担心直觉主义者要求某种特殊官能，这种官能允许人们获得非推论性地得到证成的信念。因此，例如，麦凯认为应该拒斥直觉主义，因为它要求"完全不同于我们知道其他事物的日常方式的……某种特殊官能"（Mackie，1977：39，强调由本书作者所加）。麦凯并没有发展这个主张，但是鉴于我们针对后验和先验知识所谈到的那些，他所说的似乎是错误的。因为可以认为，当我们通过观察和反思获得非推论性地得到证成的信念时，并不要求任何特殊官能。

　　这些限定已经表明的是，先验的直觉主义和后验的直觉主义，都比我们最初可能设想的更加具有弹性。现在我们将简要地考虑接受融贯论者的如下主张有多大的似真性：有些信念得到证成，是因为它们是一组融贯信念的组成部分。

150

对融贯论的一个介绍

融贯论者认为道德知识是可能的。基本思想是，一个道德信念将会得到证成，如果它以正确的方式关联于一组正确且融贯的信念。杰弗里·塞尔-麦科德这样写道：

> 在我看来，对她的融贯论来说要紧的是，她认为，（消极意义上）不存在认识论上享有特权的一类信念，并且（积极意义上）信念得到证成，仅当（且仅在这个意义上）它们与一个人持有的其他信念具有很好的融贯性时。（Geoffrey Sayre-McCord，1996：152）

我们可能觉得这个融贯观念看上去有点可疑。它不是以某种方式陷入了循环吗？我听人说，他们之所以信上帝是因为《圣经》说上帝存在，并且《圣经》是上帝所启示的道。显然这不能向我们证成上帝的存在，因为这个推理是循环论证。但是如果融贯论者的观点是，因为那些信念绕回了自身，所以它们得到了证成，那么为什么这就不是循环论证了呢？

答案是，融贯性解释所依赖的那种类型的证成是不同的。《圣经》与上帝例子当中的循环推理，依赖于一种线性形式的证成。一个信念被另一个信念证成，后者又被另外一个信念证成，然后这后一个信念又被其他信念证成，最终，这些信念循环回自身。然而，融贯论者依赖于对于证成的一种整体性解释。木筏比喻常常被援引来阐释这种整体性解释。一个木筏能够浮在水面上，不是因为某一块木板（某一个信念），而是因为整体结合在一起的方式（一整组融贯信念）。由于这个对于证成的整体性解释，融贯论者可以说一个信念得到了证成而不需要承受循环性指责。当面对认知证成的问题时，评估的基本单位是一个能动者所持有的信念系统的整体。一个信念——比方说，"为慈善事业做捐献是对的"这个信念——得到了证成，当且仅当它是所有可获得信念系统当中最融贯的那一组

151

信念的组成部分时。

这个解释的似真性将会依赖于对融贯性的要求。我们将做出一些一般性的评论，它们宽松地建立在塞尔-麦科德的研究（Sayre McCord，1996）的基础上。

对一组信念的融贯性的第一个要求是，它必须是逻辑上一致（consistent）的。如果一组信念同时包含一个信念和它的否定，这组信念就不可能是融贯的。例如，我不能既相信格蕾丝是乔恩的女儿，同时又相信并非格蕾丝是乔恩的女儿。

第二个要求是，信念必须是证据上一致的。想象我有这样一组信念：马特将会中彩票这事儿基本上没可能；马特已经中了彩票。这在逻辑上确实是一致的（consistent），但是我们可能仍然认为它是不融贯的（coherent），因为"这一组合当中……迥异的信念（'马特将会中彩票这事儿基本上没可能'和'马特已经中了彩票'）所提供的证据力，……总体来说，是相互不利的"（Sayre McCord，1996：166）。

然而，在证据和逻辑上一致还不够。我们能够想象有些成组的信念缺乏融贯性，但是尽管如此它们却在证据和逻辑上是一致的。例如，设想我们有三个信念：正在下雨；芙蕾雅和贝丝是美丽的；蜘蛛用它们的足行使听的功能。这在证据上和逻辑上无疑都是一致的，但是我们可能不会认为它是特别融贯的，因为那些信念的对象毫无关联。

相比之下，如果我们思考的一组信念——它们是关于同样的一些对象，并且在逻辑和证据上都是一致的，那么我们会说这组信念是融贯的。请设想：我相信南卡罗来纳总是阳光明媚，我相信蒂姆在南卡罗来纳，以及我相信阳光正照着蒂姆。这看上去是融贯的，因为它们不仅在证据上和逻辑上都是一致的，而且相互之间具有关联性（connectedness）。这些信念是彼此关联的，其中的一个可以从其他的推论出来。因此，尽管一致性有益于融贯性，如果支持那些信念的证据又相互支持，那就更胜一筹了。

然而可能仍然存在一个担忧：融贯性太容易达到了。因为有可能在一组信念中只包含两个信念，由于二者是逻辑上一致并且证据上一致的，并且具有关联性，这组信念就会是融贯的。因此，一组信念的规模就是重要的。如果我们有两组信念，它们的一致性和关联性程度是相同的，但是其中的一组包含更多的信念，那么这组信念就是更加融贯的。因此，一组信念是否融贯，将会涉及逻辑一致性、证据一致性、关联性以及规模的考虑。

融贯论对怀疑论者的回应因此就是，我们能够拥有道德知识，因为我们的道德信念可以因为这些道德信念是一组融贯的信念的组成部分而得到证成。在一个关于如何最佳地构造融贯性的讨论中，这几乎是隔靴搔痒。但是我们下面不讨论这个问题，而是概要地考察融贯论所面对的一个担忧。

一个关于融贯论的担忧

我们可能认为证成应该以某种重要的方式与世界相关联。然而，如果融贯性解释是正确的，那么证成看上去就与世界没有关联。我们来看一个例子。1988 年，一个 65 岁的波兰铁路工人，扬·格赛斯基（Jan Grzebski），在被火车撞到后陷入昏迷；2007 年他苏醒过来。他说：

> 我陷入昏迷时，商店里只有茶和醋，肉是配给的，到处都是排得长长的加油的队伍……现在我看到街上的人们手里拿着手机，商店里的商品多得让我脑袋发晕。（BBC，2007）

如果我们假定在 1988 年扬的信念是得到证成的，因为它们是一组融贯信念的组成部分，那么这将意味着当 2007 年苏醒时他的信念仍会是得到证成的。显然，当他认识到自己醒来时已是 2007

年，之前他一直处于昏迷中，他会形成更多的信念，但是这不会是［与之前］完全相同的一组信念。然而，如果他继续拥有与他在 1988 年完全相同的信念，那么根据融贯论者他仍将是得到证成的。

这看上去可能有些奇怪，之所以如此，一个原因是证成似乎以某种方式与真理（*truth*）相关联。例如，如果我们的信念"杀人是错的"是因为它是最融贯的一组信念的组成部分而得到了证成，那么我们可能认为，成为最融贯的一组信念的组成部分意味着我的信念更有可能为真。劳伦斯·邦久这样说：

> 一个充分的认识论理论的任务的一个至关重要的部分，是要表明在它所提议的对认知证成的说明与真理这个认知目标之间存在一种恰当的关联。也就是说，必须以某种方式表明，那个理论所设想的证成是*助真性的*（*truth-conducive*），一个寻找得到证成的信念的人，至少有可能发现真信念。（Laurence Bonjour，1988：108—109，强调由本书作者所加）

问题是，如果你思考融贯性的标准，它并没有提到真理。因此，依据融贯论对证成的说明，有可能一组融贯信念大部分为假。融贯论者因此似乎被迫接受，我们能够具有一个得到证成的信念，但它可能并不为真。例如，如果我们的信念——杀人是错的——因为它是最融贯的一组信念的一部分而得到证成，那么这并不意味着"杀人是错的"这个信念更有可能为真。

正是由于这些困难的存在，一些融贯论者一直热衷于既论证一种关于证成的融贯理论，又论证一种关于真理的融贯理论（*Ibid.*）。我们无须在这里去详细地探究这样一种解释，而是指出，如果关于真理的融贯论是正确的，那么我们就不能具有一组大部分为假的融贯信念。这反过来意味着可以把证成看作助真性的，这样反对融贯论的主要论证之一就能够被应对。

154 **结　语**

无疑我们能够知道用某些家庭来做窒息毒气实验是错的，很难相信会有人怀疑这个事实。然而，哲学家们已经质疑我们能否对此如此自信。怀疑论者凭借认知倒溯论证以及直觉主义和融贯论所遇到的问题，迫使我们对道德知识给出哲学的辩护。直觉主义者认为，我们能够凭借对于一个道德信念的理解而使自己对于它的相信得到证成。融贯论者认为道德信念凭借自己是一组融贯信念的组成部分而得到证成。

无论我们决定接受哪个立场，这里都存在一个普遍性的方法论问题值得思考。我的一个学生在一封电子邮件里把这个问题概括为：

> 以往我们的道德认识论所涉及的问题大多是一般性的认识论议题，人们仍然试图在道德认识论的领域里解决它们。……所以，**干脆离开道德认识论**，看看人们在纯认识论中思考这些议题会产生什么样的一般性结果，然后可以将那些结论应用于元伦理学，你不认为这是明智的吗？（Edward Costelloe，私人通信）

这是个好问题。我们应该等待认识论学者得出结论，然后再移植到元伦理学领域吗？抑或我们应该独立于认识论中的其他一般性争论来思考道德知识吗？我们需要决定在哪里投入努力。解决认识论问题意味着我们能够得出关于本体论、心理学或者语言的结论吗？如果"许多人对道德实在论的怀疑，是在认识论根据上的怀疑"，那么，如果我们能够理清那种认识论，这或许会使接受实在论的道路敞开。或者，本体论应该占据舞台中心，一旦我们选择了实在论、反实在论，等等，我们就能够决定哪种认识论是最适合的？此外，我们可能相信有一些特有的问题只能从元伦理学内部来讨论和思考，我们不能简单地不加限定地从其他领域移植议题。也许规范性相关的议题意味着我们不能离开伦理学来思考认识论、本体论、心理学或语言。然而，无论我们做何决定，似乎认识论中的议题都将会对元伦理学其他部分当中什么能吸引或不能吸引我们发生影响。

155

记忆要点

- 直觉主义可以指一种道德理论，或者一种对于认知证成的解释。
- 道德怀疑论不同于非认知主义，或者不同于对于是不是要有道德的一般怀疑论。
- 融贯论者拒斥线性形式的证成，因此将他们刻画成"认为道德信念'绕回它们自身'"是没有帮助的。
- 直觉主义者并不承诺存在非自然属性。
- 直觉主义不意味着人们可以声称他们知道什么东西是对的或错的。它是这样的主张：人们是可能拥有道德知识的。

进阶阅读

O'Brien（2006）是对认识论一般性议题的一个出色的介绍。Shafer-Landau（2003：pt V）对于道德认识论中的重要立场给出了一个好的概述，并且辩护了一种直觉主义立场。Sayre-McCord（1996）是道德认识论中的融贯论解释的经典著作，常被引用，引人入胜，但有难度；关于一般而言的融贯论，常被参考的经典著作见 Bonjour（1988）。一个对于道德怀疑论的全面、易于理解的考察，参见 Sinnott-Armstrong（2006）。Chappell（2008）和 Cullison（2010）这两篇近作对通过知觉得到道德知识进行了辩护。

思考题

1. 我们能够拥有道德知识吗？
2. 什么是认知倒溯论证？
3. 什么是直觉主义？
4. 什么是融贯论？
5. 直觉主义或融贯论看似更加合理吗？
6. 道德认识论当中的议题可能怎样影响元伦理学的其他领域，特别是与实在论有关的议题？

第10章

虚构主义和非描述性认知主义

> 向一个人表明他正在犯错误是一回事，使他掌握真理是另
> 一回事。
>
> ——约翰·洛克（John Locke，［1690］1975：bk IV，ch.7，§11）
>
> 我们都在伪装唯一重要的是不露声色。
>
> ——莫里斯·瓦伦西（Maurice Valency）

本章目标

- 区分诠释型虚构主义与变革型虚构主义。
- 提出针对两种形式的虚构主义的担忧。
- 概述和批判认知非描述主义。

诠释型虚构主义与变革型虚构主义

认为虚构主义作为一种理论分为诠释观点和变革观点，这是错误的。最好将诠释型虚构主义和变革型虚构主义看作明确区分的两种立场。

诠释型虚构主义（*hermeneutic* fictionalism）是一种描述理论，它提出一种关于我们的道德实践是什么样子的主张。变革型虚构主义（*revolutionary* fictionalism）是一种规范理论，它对我们的道德

实践应该是怎样的提出主张。记住这一点，在思考每一种理论时，就值得去考虑如下问题。

诠释型虚构主义：

- 它对我们的道德实践的描述准确吗？
- 即使我们不承认，它的描述也可以是正确的吗？

变革型虚构主义：

- 我们真的应该改变我们的道德实践吗？
- 有可能改变我们的道德实践吗？

158   诠释型虚构主义

诠释型虚构主义主张，即使大多数人从来都不承认，也有好的理由认为我们的道德实践是基于假装（make-believe），我们是被卷入了一种道德虚构。他们相信，例如，当在日常言谈当中我们说"为慈善事业捐款是对的"时，我们并不实际上相信为慈善事业捐款是对的，而是假装相信是这样。为了看清为什么这可能是一种思考我们的道德实践的有益方式，我们再来思考一个例子。

想想小孩子们玩的游戏。我的女儿们在玩这样一个游戏：她们在里面扮成维奥莱特和桑尼进行一段冒险。这情节来自雷蒙·斯尼奇（Lemony Snicket）的《不幸历险》（*A Series of Unfortunate Events*）。椅子搭上毯子就是洞穴，楼梯就是悬崖峭壁。

在像这个游戏一样的过家家游戏当中是存在规则的。在我女儿们的游戏中，你不能既参与进来又随心所欲。桑尼不能变成机器人；维奥莱特不能把船划到悬崖上去，邪恶的奥拉夫伯爵不能突然变成一个圣人。在游戏内部可能存在有意义的讨论和分歧。一旦她们进入这个游戏当中，她们就能有意义地问这样的问题，如"穿过湖的最佳方式是什么？""奥拉夫伯爵真的已经离开洞穴了吗？"以及"桑尼比维奥莱特更擅长登山吗？"

此外，一旦我们进入一个过家家游戏，某些东西就在这个游戏的范围内为真或为假。继续用我们的例子来说，桑尼是一个婴孩这为真，维奥莱特能飞这为假，奥拉夫伯爵潜伏在洞穴里这为真，崖壁是危险的这为真，等等。

至关重要的是，即使这些虚构的主张可以为真，没有人会认为它们是严格字面意义上那种为真。一个主张，它在游戏范围内为真并不使我们承诺它所描述的那个世界的存在。用我们在第 4 章讨论的术语来说，一个过家家游戏当中的真并不要求使真者论题（truthmaker thesis）作为必须条件。尽管"崖壁上覆盖了很多雪"为真，这并不意味着我们不得不出去购买鞋底钉才能爬上楼梯。如果诠释型虚构主义者是正确的，那么她就可以针对我们的道德实践提出如下主张：

（a）道德主张可以根据道德虚构而为真。

（b）即便不存在道德属性或道德事实，道德主张也可以为真。

（c）我们可以对道德主张进行断定、否定、嵌入和讨论。

能够接受这套主张会非常有吸引力。因为如果（a）是正确的，那么我们就能够拒斥错误论（第 3 章），如果（b）是正确的，那么我们就能避免关于道德属性和道德事实是什么，我们如何达到对于它们的认识，以及它们如何与非道德属性和非道德事实相关联的棘手的本体论问题（第 4、5 章）。然而，当我们反思我们自己的道德实践，感觉它并不很像是一种虚构。这是诠释型虚构主义者需要面对的一个困难。

159

对诠释型虚构主义的一个挑战：第一人称权威

我们来看两段引文："如果诠释型虚构主义者是正确的……这引入了一种新奇且极端形式的失败：对一个人自己的心灵状态的*第一人称权威的失败*"（Stanley，2001：47，强调由本书作者所加）；"道德首要地是一个这样的领域：在这里我们并不是在假装；我们立场坚定，捶击着桌子，发现自己的声音响亮而坚定。"（Blackburn，2005：9）

诠释型虚构主义的一个明显问题是，它声称我们当下的道德实践是一个虚构；然而，当我们反思它的时候，似乎并不是这样。例如，当我们对着电视大喊："但是种族主义是错的！"我们的声音是"响亮而坚定"的；当人们做危及生命的决定——比如为祖国而战——他们并不相信他们的道德责任是虚构的。遵循道德的感觉肯定不像虚构！但是，它仍然有可能是［虚构］，并且我们有可能理解为什么会这样。

让我们来思考一个阐明这种可能性的例子。当你对自己的朋友评论说，你对新一茬（crop）学生评价不高时，如果他问你"你怎样耕种一片学生呢"，你一定会发笑。显然你的"一茬学生"的说法并不是严格字面意义上的。然而，关键是：当这样表达时并没有感觉有何不同。

原因可能是，我们太熟悉比喻的手法了，以至于我们想都不想就可以运用它。诠释型虚构主义者提出，类似地，我们对于把道德语言作为虚构使用也是如此熟悉，以至于并不存在伴随着这种虚构的现象学（accompanying phenomenology）。因此，这将会是一个从第一人称权威出发对那个挑战的回应。

然而，尽管这设法解决了那个基本的现象学担忧，却实际上导致了一个进一步的议题。如果没有办法"从内部"辨别我们正在参与的是否是假装的活动，那么人们又如何能够自信地说他们不是在

160

参与假扮的活动？尤其是，是什么允许诠释型虚构主义者认为道德是一种虚构，但是说到爱、数学、科学、历史、时间或任何其他东西时却不是虚构？

把关于这件事的权威给予言说者本人可能是一条明显的出路，这样如果他们说自己不是在参与一个虚构的事情，那么他们就不是。然而，这损害了对于上面那个现象学观点的回应。

如果有一个测试能够提供证据表明"道德确实是种虚构，而其他对象不是虚构"，那么这当然就会让人们相信诠释型虚构主义者的主张。有一种办法可以表明这一点。

我们来看一段来自《深夜小狗神秘事件》（*The Curious Incident of the Dog in the Night-Time*）的引文，这是一段自闭症儿童视角的描述：

> "比喻"这个词的意思就是把某个东西从一个地方带到另一个地方……这发生在你用一个词描述了某个东西，但是这个词本来描述的并不是它的时候。这意味着"比喻"这个词本身就是个比喻。我认为应该把它叫作一个谎言，因为一只猪并不像一个白天，人们也不在碗柜里放骷髅。当我试着在我的脑子里把那种说法描绘出来，它只是令我感到迷惑，因为想象某人眼睛里有一个苹果与非常喜欢某个人毫无关系，并且这让你忘了人们正在谈论的东西。（Haddon，2004：20）

这个讲述反映了一个关于自闭症的事实，即自闭症患者发现很难对付虚构、假装（make-believe）和佯装（pretence）。或许我们可以用这个事实作为一个测试？如果诠释型虚构主义者是正确的——道德是一个虚构，我们会预料自闭症患者面对道德虚构与面对其他虚构有着一样的挣扎。诠释型虚构主义者的困难在于，心理学中的大多数经验研究的结论是自闭症患者并不是这样，因此我们帮助诠释型虚构主义者表明道德是个虚构的测试就失败了（如参见Wolfbery，1999）。

变革型虚构主义

> 如果改变的方向正确，那就没有错。
>
> ——温斯顿·丘吉尔（Winston Churchill，23 June 1925）

如果你要来场变革，你最好是有理由的。变革型虚构主义通常认为这个理由就是：我们的全部道德判断都系统地、一律地是虚假的（*false*）；提出虚假的主张不像参与道德虚构那样对我们有益。

要更好地理解变革型虚构主义，值得在它与诠释型虚构主义之间做个对比。尤其是值得考虑它们对于我们现行的道德实践的不同描述。我们通过一个例子来理解这一点。

我们想象这样两个人：一位是历史教师，他选读托尔金的《霍比特人》时仿佛它是一个真实的故事；另一位是英文教师，他把《霍比特人》当作奇幻小说阅读。很可能我们会相信那位历史教师而不是英文教师在做虚假声称。

变革型虚构主义者主张，当前我们提出道德主张时，我们就像那位阅读《霍比特人》的历史老师一样，把它当作一个真实记述。诠释型虚构主义会主张，当前我们提出道德主张时我们就像那位英文教师，认为我们在进入一个虚构的故事。因此，变革型虚构主义者认为，当我们提出道德主张时，我们真的相信我们所说的，因此当我们提出道德主张，我们所说的东西是虚假的。诠释型虚构主义者认为当我们提出道德主张时，我们实际上并不相信我们所说的东西，因此我们的道德言谈并不系统地、一律地虚假（它不是一种错误论）。让我们暂时同意变革型虚构主义者——我们的道德主张系统地、一律地是虚假的，根据变革型虚构主义，我们就有两个选择：

（a）我们可以彻底放弃道德言谈——这就是哲学家们所说的取消主义（*eliminativism*）。

（b）我们可以同意一切道德言谈都系统地、一律地是虚假的，不再相信我们所说的而开始伴装（变革型虚构主义）。

为了变革型虚构主义能够看上去可信，（b）必须比（a）更可 162
取：也就是说，变革型虚构主义者需要表明参与一个虚构比彻底放
弃道德更加有益。下面我们借鉴变革型虚构主义者理查德·乔伊斯
的工作（例如 Richard Joyce，2001，2005），简要地考察一下为什
么他们这样认为。

为什么不放弃对道德的遵循？

我们可能认为，如果变革型虚构主义者是正确的，我们全部的
道德言说都系统地、一律地是虚假的（错误论），那么最好的选择
就是彻底放弃我们的道德言谈。在没有任何东西符合道德语言的情
况下还要继续使用道德语言，不是有点有悖常理吗？我们来看一个
例子。

想象一下，当代所有具有影响力的天文学家都告诉我们这些靠
电视活着的人，已经确定火星实际上不存在，我们之所以都认为它
存在，是因为计算错误和设备故障；每次人们谈到火星，他们都是
在犯错误。我们的"火星"言谈会发生什么变化呢？很可能它将会
退出使用，除了人们有时会说到"我们过去常常以为火星是个红色
的行星"等等，最终人们会不再以仿佛它存在的方式谈到它。

如果这是正确的，那么对错误论的正确回应貌似合理地是
（a）：取消主义。如果不存在好、坏、恶、对或错，因此每当我们
说话的方式仿佛它们存在时，我们便是在犯错，那么停止谈论好、
坏、恶、对、错，等等，似乎就是更可取的。

然而，在认为错误论正确的那些人当中，只有很少的一些足够
大胆去采取这一路线（例如 Garner，2007）。一个元伦理学家会开
出彻底放弃道德言谈的药方当然是勇敢的。然而，取消主义一直没

有被接受的主要原因是，元伦理学家认为如果人们停止所有的道德言谈就会失去某些东西。

没有道德言谈世界会是什么样子呢？进入无政府状态是不大可能的。大概没有道德言谈人们仍然能协调行动、实施规则和惩罚，等等。因此，不论变革型虚构主义者能够鉴别出什么益处，这个益处必定不只是能协调行动等。

根据乔伊斯（例如 Joyce, 2005），将会失去的是我们协调行动时的那种轻而易举。道德使这样的一致和协调更容易，因为这样的词汇比如"应当""责任""义务"是具有某种庄严性的。如果我们把规则放到道德语言中，那么它们似乎就不允许讨价还价。如果问题以道德词汇来表达，我们似乎更能够抗拒因受到诱惑而偏离轨道。格雷格·雷斯托尔等人这样说道：

> 一个参与假装某个行动方案是正确行动方案——一个"单纯必须去做"的行为——的能动者，比一个只是判断那样行动对他最有利的人更有可能抵抗不那样行动的诱惑……人们可能同样认为道德词汇在养育孩子当中也是必需的。像对与错、好与坏、德与恶这样的一些概念，在鼓励孩子们以某些方式行为，避免以另外一些方式行为中可能发挥着不可或缺的作用。（Greg Restall *et al.*, 2005: 314）

这是虚构主义比取消主义更加有益的理由吗？不可能是。如果迄今为止我们所说的是正确的，那么我们所表明的，只是相信道德比放弃它更为有益。虚构主义要看似可信，我们就需要表明假装道德比放弃道德更为有益。正如乔伊斯所说："如果虚构主义者表明，保持作为一种虚构的道德话语将会得到某种利益——如果完全取消道德话语的话这种利益就会失去（而且毫无补偿），她就赢得了这场论辩。"（Joyce, 2005: 302, 强调由本书作者所加）变革型虚构主义者认为这是可能的，因为似乎参与到假装之中确实会有一些利益。

我们来考虑一个说明参与假装能够带来好处的现象。据急诊室医生的报告，过去二十年来，有比以往更多的人在枪击事件中得以幸存。对此的解释是，当人们遭到枪击时，他们倾向于以他们看到的电影人物的方式来做出反应。鉴于电影人物应对枪伤的方式往往是超人式的，人们会——作为这种假扮的一部分——认为他们能够比他们从生理角度来说所应该的更可能幸存下来。这样的情境中的假装具有直接的实践好处。对于假装的好处乔伊斯给出了另一个例子：

> 假设经过长时间的无精打采之后，我决心定期锻炼，但是发现自己很容易屈服于诱惑。对我来说一种有效的策略是制定一个强的、权威性的规则：**每天我必须做 50 个仰卧起坐，不许少于这个数目**……也许实际上我做 50 个仰卧起坐并不十分重要，只要在大多数日子里我做 50 个上下就可以。但是通过允许自己偶尔中断，通过准许自己间或不循这个常规……甚至大多数日子做 50 个上下的任务也受到了威胁。如果我鼓励自己从这个角度想——我确实想要让身体健康，每天 50 个是不容商量的，是必须做到的；我会做得更好。（*Ibid.*: 303，强调由本书作者所加）

164

这个论证因此就会是：相比于完全放弃道德，假装某些行为是对的或错的，提升了我们的自控，因此我们有可能从参与到一种虚构中得到更多好处。

变革型虚构主义者不承诺如下这个看上去不可信的主张：在参与到关于道德的假装之前我们无所作为，直到受到偷盗、欺骗或违背诺言的诱惑。不如说，他们的建议是，当这些诱惑出现时，我们是能够抗拒它们的，因为我们已经让自己承诺——乔伊斯称作"前承诺"（*pre-commitment*）——接受以道德为目标的假装。这个建议的理念是：已知错误论为真，我们应当选择去做道德虚构主义者。这意味着在未来的任何道德情境中，我们都将以一种比彻底放弃道德更有益于我们的方式得到引导。

对变革型虚构主义的一些担忧

想象一下，人们让自己承诺（commit to）接受一种虚构的道德，父母们将这个习惯一代一代传承下去，这样：

> 一个人单纯只是被养育成以道德语言来思考；前承诺已经通过父母们的工作得到实现。在儿童时期这样的规约或许就已经出现并被接受为各项信念……这样，把某些类型的行为看作"道德上对的"而另外的一些看作"道德上错的"，就变得自然和根深蒂固。（*Ibid.*: 307，强调由本书作者所加）

165 它将会非常自然和根深蒂固，以至于"[行为者的心灵]所经历的……可能与真诚的道德信仰者心灵所经历的完全一样——根本无须'感到'像是假装（这样它对行为发挥的影响可能与信念对行为的影响完全一样）"（*Ibid.*: 306）。

我们可能会产生的第一个疑问是：如果这是完全正确的，那么我们如何知道我们仍未拥有变革型虚构主义者想要的那种变革？换言之，是什么使得变革型虚构主义者如此自信地认为，错误论而不是诠释型虚构主义是对于我们现行的道德实践的最佳描述？

大概他们会给出这样的回答：我们现在不是在佯装相信，而是真的相信事物是有对错的。然而我们并不想知道变革型虚构主义者实际上如何描述道德，而是想知道什么证成了他们以这种方式描述道德。换言之，变革型虚构主义者需要说清楚"相信'杀人是错的'"与"假装相信'杀人是错的'"之间的区别，这样他们就能够鉴别出当前的实践是相信而不是假装相信，因此能够开出他们的变革药方。但是这个区别二者的标志有可能是什么呢？它不能是人们心灵中的任何东西，因为甚至假装本身都根本不必感觉像是假装。对此一个可能的回应方式是："这二者之间的区别只需要是虚构主义者所具有（尽管并没有注意到）的一种心理倾向（disposition），即当被置于最具批判性的语境[比如哲学课堂]中

时，否认有任何东西真的在道德上是错的。"（*Ibid.*: 306）

我们缺少辨别对于我们现行实践的诠释型虚构主义描述和变革型虚构主义描述的方法。大概两个阵营的虚构主义者都会倾向于否认有任何东西真的是道德上错的、对的，等等。因此这两种理论仍然没有被区分开。鉴于这一点，就需要针对虚构主义与取消主义的对比以及对变革型虚构主义和诠释型虚构主义的规范意涵提出进一步的问题。

非描述性认知主义（Non-descriptive cognitivism）

在结束本章之前，值得提及由霍根和蒂蒙斯（例如 Horgan & Timmons，2000，2006）所发展出的一种立场。这是一个重要的观点，因为它挑战了我们在这本书当中一直持有的一个核心假设，也打开了元伦理学可以探索的新的概念空间。我们将概述为什么他们认为元伦理学家们一直以来的辛勤工作是在一个虚假的假设之下进行的。

到目前为止，我们一直假定，如果一个道德判断表达信念，那么那个道德判断可以被看作一个描述。我们一直认为认知主义和描述主义是可以互换的。

霍根和蒂蒙斯认为这是一个错误。他们认为，作为认知主义者，有好的证据去接受道德判断是信念的表达，但是最好把道德判断所表达的那些信念看作非描述性信念。这样，霍根和蒂蒙斯断定，道德判断是非描述性信念的表达。例如，声称杀人是错的，就是表达一个信念，但是这并不是把杀人描述为具有错误性这个属性。他们说：

> 道德思想和话语……的职责并不是表征或报告道德事实（不论这个道德事实是客观实存的还是构造的或相对的）；道

166

德词项和它们所表达的观念的功能并不是辨认出道德属性。简言之，道德判断不是*描述性*信念的一个种类。但是……尽管如此，我们确实坚持认为这些判断实际上是信念；我们拒绝的是这个观点：所有的信念都是描述性信念。（Horgan & Timmons，2006：223）

我们将会看到，这一主张的直接好处就是，它支持了我们的道德实践的认知主义性质：它拒绝实在论，但至关重要的是，它不是一种错误论。这种结合是可能的，因为根据霍根和蒂蒙斯，信念不是在描述世界有任何道德属性或事实。因此，不存在属性或事实这一事实并不意味着道德判断都是虚假的。然而，他们需要给出认为既存在描述性信念也存在非描述性信念的某种理由；不过，在考虑这一点之前，我们需要知道他们认为信念是什么。

对霍根和蒂蒙斯来说，信念就是一种对于某种可能事态的心理承诺。因此，如果存在两种类型的信念，就必然可能鉴别出两种类型的承诺。霍根和蒂蒙斯将这两种承诺鉴别为"是-承诺"（*is*-commitments，或者说"实然承诺"）和"应当-承诺"（*ought*-commitments，或者说"应然承诺"）。我们的日常非道德信念是对各种可能事态的是-承诺，而道德信念则是对一种可能事态的应当-承诺：因此道德判断表达的就是一种对于应然事态的承诺。

就算这是一个可行的、可辩护的区分，明显还有两件事霍根和蒂蒙斯需要去做。他们首先需要表明为什么我们应该认为应当-承诺是信念，其次需要表明为什么应当-承诺应该被视为非描述性信念。如果他们能够完成这个工作，他们将已经表明认知主义的非描述主义（cognitivist non-descriptivism）是元伦理学的一个真实选择。

作为信念的应当-承诺

霍根和蒂蒙斯使用了一种直截了当的方法来表明道德判断表

达信念。他们首先鉴别出我们用来表达自己信念的非道德判断的特征，然后表明道德判断分享有这些特征。然后他们得出结论：鉴于这种相似性，他们就有权声称应当-承诺是信念。

霍根和蒂蒙斯（Horgan & Timmons，2006）认为信念的特征表现在三个主要方面：第一是语法，第二是逻辑，第三是体验。

霍根和蒂蒙斯在第一和第二个方面鉴别出如下内容。他们认为，当我们做非道德判断时，我们是在宣告某个东西；我们可以否定非道德主张，把它们连结起来，对它们进行其他各种操作——比如把它们嵌入条件句中。因此，例如，当我们判断"外面正在下雨"，我们是在宣告某件事；我们可以说"并非'外面正在下雨'"，或者"外面正在下雨，或者正在下雪"，或者"如果外面正在下雨，那么我最好还是跑着去上下一节课"。这些例子显示的是非道德信念的一些语法的和逻辑的特点，它们似乎正好具有与道德信念同样的语法的和逻辑的外部标志。当做出一个道德主张时，我们是在宣告某种东西，我们可以对它们进行否定、连结和嵌入。霍根和蒂蒙斯针对是-承诺与应当-承诺二者写道：

> ［是-承诺和应当-承诺二者的］内容是陈述性的，它们可以在复合逻辑判断（logically complex judgments）——如"要么约翰已经偿还了他欠玛丽的钱，要么他应该偿还他欠玛丽的钱"——中扮演某些成分。就此而言，应当-承诺可以参与逻辑推理。此外，它们可以与其他信念结合产生出新的信念——在具有先前信念的情况下，这些新信念是恰当的。因此，举例来说，如果玛丽判断人们应当帮助那些处于困境中的人，且她相信约翰正处于困境中（并且她有帮助他的机会），那么她形成一个新的信念，即，她应当帮助约翰，就是恰当的。（*Ibid.*：232，强调由本书作者所加）

因此，就应当-承诺的语法的和逻辑的外部标志来看，它们确实看似分享了信念所特有的那些特点。

　　暗示应当-承诺是信念的第三个方面，是形成应当-承诺的体验。霍根和蒂蒙斯声称，我们对应当-承诺的体验显著地类似于我们对于信念的体验。尤其是，在这样的情形中，我们并不选择或推出要相信什么。这似乎同样适合于我们的应当-承诺。比如说，你参加了一个关于人类克隆的讨论。你对于克隆是对还是错不持任何观点，你只是坐下来聚精会神地听别人讲。然后其中一个发言者说了些什么，令你突然意识到他们是正确的：克隆是错的。反思之下，感觉并不像你从另一组信念推出了这个观点，你对它的体验毋宁说是在心理上不由自主地（involuntarily）接受了它。这看上去与我们对于非道德信念的体验是一样的。例如，除了这种不由自主的体验，霍根和蒂蒙斯还罗列了其他信念和应当-承诺之间具有相似性的经验性特点。

　　如果为了便于论证，我们接受在应当-承诺与信念之间存在显著的语法的、逻辑的以及经验的相似性，那么霍根和蒂蒙斯就有证据去声称应当-承诺就是信念。"我们的日常信念所具有的所有这些典型特点——它们的语法的、逻辑的外部标志……它们的经验性的方面——都强烈地暗示，应当-承诺确实是真正的信念。"（*Ibid.*：232—233）

　　霍根和蒂蒙斯就是这样着手第一个任务的，即表明道德认知主义的吸引力；但是第二个任务怎样呢？是什么在阻止他们径直得出这样的主张呢：道德信念同样是描述性的？答案是：他们声称道德判断有一个特点强烈地暗示了道德判断不是描述性的信念。

169　　**作为非描述性信念的应当-承诺**

　　我们在第 9 章讨论过，道德判断与动机是紧密关联的。例如，如果我判断把自己发现的别人丢失的钱据为己有是错的，那么这足以让我有不那么做的动机。但是另一方面，描述似乎是惰性的，其

本身不能使我们有动机。似乎只有再加上某种额外的输入——或许
来自欲望、希望、需要——我们才能被描述所激发而产生动机。对
霍根和蒂蒙斯来说，这是一个好的理由认为道德信念不是描述。

> 通常……道德判断以一种特别直接的方式使人倾向于采取
> 适当的行动，而不依赖于其先在的欲望和反感。相比之下，*非*
> *道德的描述性*信念只有与先在的欲望或反感结合起来时才变成
> 行动导向的。（*Ibid.*：233，强调由本书作者所加）

如果这些都是正确的，那么霍根和蒂蒙斯似乎已经表明有好的
理由做认知主义者兼非描述主义者。但是为什么其他元伦理学家没
有看到这一点——尽管布莱克本（例如 Blackburn，1998）实际上
已经采取了类似的步骤——从而也把描述和信念分开呢？一个原因
是，我们将其与信念联系起来的那些特征，似乎根据它们是描述这
一点会得到最佳的解释。这意味着我们为认知主义给出的证据似乎
同样会支持描述主义。如下事实就是这样一个特征：道德判断明显
可以为真或为假，因此接受认知主义的一个理由就是它解释了"杀
人是错的"这样一个道德判断如何可以为真或为假。信念必定是描
述性的，因为解释判断如何能具有适真性的一个非常自然的方式就
是，它们确实是描述。如果一个信念为真，那么这是因为它准确地
描述了世界；如果它为假，那么这是因为世界不符合这个描述。

　　因此，看上去非描述性认知主义者面对着一个选择：他们要么
通过援引道德实践的证据而提出赞成认知主义的最强理由，但是在
这样做的同时揭露这一可能性——其中的有些证据依赖于信念是描
述；要么，他们也可以谨慎地表明有利于认知主义的某些证据如何
并不依赖于信念是描述，在这样做的同时由于弱化这组证据而潜在
地削弱对于认知主义的证成。

　　霍根和蒂蒙斯非常清楚地意识到这些问题，他们发展了一种不
依赖于信念是描述这一点的适真性解释。无论如何，总的来说，我
们将不得不决定，他们所鉴别出的那些信念特征本身在多大程度

上依赖于信念是描述这一点。尽管如此，清楚的是，霍根和蒂蒙斯已经使一个贯穿元伦理学的假设凸显出来；这个假设一旦被鉴别出来，就可以打开新的研究和发展领域。

结　语

本章的一开始，我们考虑了两种虚构主义解释：诠释型虚构主义者声称，我们当前被卷入了一场道德虚构之中；而变革型虚构主义者则声称，我们应该参与到一种道德虚构之中。

这些解释是有吸引力的，因为它们为我们提供了一种方法，让我们能够坚持道德实践的这样一些特点：它们暗示实在论是正确的，同时又暗示应该拒斥实在论，但是无须接受错误论。它们通过不要求"道德主张若要为真，就必须存在道德属性和事实"来做到这一点。虚构主义者会声称："为慈善事业做捐献是对的"在虚构的范围内有可能为真，但不是"严格字面意义上的真"；这样他就不需要回答关于正确性这个属性的棘手问题。

诠释型虚构主义者不得不为把我们当前的道德实践解释为虚构给出一个好的理由。一个担忧是：考虑到我们不认为自己被卷入道德假装之中，把现行的道德实践解释为虚构是否可能呢？变革型虚构主义者不得不为进行一场变革给出好的理由。她可能声称，鉴于错误论为真，进行一场道德虚构比彻底放弃道德有更多的实践好处。但是我们担心，一种虚构主义解释可能不能够给出足够强的理由，让人们去接受虚构主义优于取消主义。

本章的最后，我们讨论了霍根和蒂蒙斯的解释，它声称道德判断是信念的表达，但是这是一种特殊类型的非描述性信念。这个解释像虚构论一样，在避免了错误论的同时具有认知主义的优点，并且回避了关于道德事实和属性的棘手问题。

总的来说，本章开始表明，甚至元伦理学中最核心的一些主 171
张——比如认知主义和非认知主义——要如何辨别（distinguish），
都还远不够明显。似乎我们需要新的方法来概念化（conceptualize）
元伦理学这一领域。实际上，另外一些立场，比如全域表达主
义（ecumenical expressivism）（例如 Ridge，2006）、实在论非认知主
义（realist non-congnitivism）（例如 Copp，2001）和认知非实在论
（cognitive irrealism）（例如 Skorupski，1999）都在挑战元伦理学的一
些核心理念。

记忆要点

- 诠释型虚构主义者不是错误论者。
- 在信念和假装之间存在区别。
- 两种类型的虚构主义者都能够表明道德判断可以为真也可
  以为假。
- 诠释型虚构主义者主张我们可以参与一场虚构，即便我们
  不承认这一点。
- 变革型虚构主义者不认为我们的假装是对道德议题的反应。
  相反，我们使自己承诺假装，这样当面对道德议题时我们
  已经是在佯装。

进阶阅读

对虚构主义的一个出色的、易于理解的讨论，参见 Joyce
（2005）；Restall *et al.*（2005）是讨论虚构主义的一篇有难度但值
得阅读的论文。Eklund（2009）是对虚构主义的一个出色的一般性
考察。Horgan & Timmons（2006）是对他们本人观点的最佳介绍；

对霍根和蒂蒙斯的观点出色又尖锐的批评，参见 Barker（2002）；
而 Majors（2008）则是对霍根和蒂蒙斯观点的一个优秀的批判与
讨论。至于另外一些不同但强势的关于元伦理学争论的进路，参见
Skorupski（1999），Copp（2001）和 Ridge（2006）。

思考题

1. 什么是变革型虚构主义？
2. 什么是诠释型虚构主义？
3. 如果没有道德，世界会是怎样的？你愿意生活在这样一个世
   界吗？
4. 为什么霍根和蒂蒙斯认为我们的道德判断表达非描述性信念？
5. 非描述性信念概念讲得通吗？
6. 认知非描述主义的优缺点是什么？

〰〰〰〰〰〰〰

能动者相对主义（agent relativism）
这种观点主张，一个人行为的对错，依赖于他或她的道德构架。

非道德主义者（amoralist）
指的是这样的能动者：她有着正常的心理，但是她的道德判断不能使她产生动机。动机外在主义者认为非道德主义者是常见的。动机内在主义者认为非道德主义者在概念上是不可能的。

反实在论（anti-realism） 参见**非实在论**（non-realism）

分析定义（analytic definition）
指的是这样一种定义：它的真（truth）可以通过概念分析得到确立。

分析自然主义（analytic naturalism）
指的是这样的观点：我们可以把核心道德术语定义为非道德的、自然的术语。这可以通过概念分析来做到。

分析真理（analytic truth）
一个主张是分析地为真的，如果它的真（truth）仅仅依赖于其中包含的词项的含义，例如"单身汉就是未婚的男人"。

后验地（*a posteriori*）
我们后验地知道某个东西，如果我们是通过经验知道它。

先验地（*a priori*）
我们先验地知道某个东西，如果我们独立于经验而知道它，如关于数学真理和逻辑真理的知识。

封闭问题（closed question）
一个问题是"封闭的"，如果问题当中的词项的意义就决定了结论。例如，"马特是一个单身汉，但是他结婚了吗？"

认知主义（cognitivism）
指这样的观点：它认为道德判断表达信念，而这些信念描述实存的某些部分。它是如下这点的一个结果：道德判断是**适真的**。

认知性的非描述主义（cognitive non-descriptivism）
这种观点有时被称作"非描述性的认知主义"（non-descriptive cognitivism）或者"认知性的表达主义"（cognitive expressivism），它认为道德判断表达信念，但是这些信念是非描述性的。

概念分析（conceptual analysis）
把概念分解为它们的构成部分。例如，"正方形"的概念分析会是"具有四个等长边、 178

四个直角的平面长方形"。

康奈尔派实在论（Cornell realism）

这种观点认为道德属性是实存的，并且是不可还原（自成一类）的自然属性。

关于真理的符合论（correspondence theory of truth）

这种观点认为，存在一种"真理"属性，某些适宜地构造的言辞（utterances）具有这种属性，这些言辞由于与世界相符合而得以为真。

对知识的融贯性说明（coherence account of knowledge）

这种观点认为，如果一个信念是最融贯的一组信念的组成部分，它就得到证成。融贯论（coherentism）接受整体性证成（*holistic justification*）而拒斥线性证成（*linear justification*）。

反事实测试（counterfactual test）

一个用于解释上的相关性（explanatory relevance）的测试。说 a 是 F 与 b 是 G 在解释上是相关的，也就等于说，如果 a 还不是 F 那么 b 就不会已经是 G（Miller，2003：145）。

"符合方向"比喻（"direction of fit" metaphor）

区分信念和欲望的一种比喻性方式。信念被说成"改变自身以符合世界"；欲望被说成"改变世界以符合自身"。

神命论（divine command theory）

这种观点认为，某人在道德上是对的，当且仅当它是上帝所命令的。某个东西是错的，当且仅当它是上帝所禁止的。

情绪主义（emotivism）

非认知主义的一种形式。它主张道德判断是言说者情绪的表达，而不是对什么东西的描述。不应将它混同于**主观主义**或**相对主义**。

错误论（error theory）

错误论者是认知主义者，但不是实在论者。他们主张道德判断将世界描述为具有客观价值，但是世界并不包含任何客观价值。因此，全部道德判断都系统地、一律地是虚假的。

动机外在主义（externalism about motivation）

指这种观点：它认为道德判断和动机之间的联系是偶然性的。一个能动者具有做他判断为正确的事情的动机，如果他具有正确的欲望——通常被描述为"做正确事情的欲望"。

外在理由（external reasons）

指这种观点：它认为，如果一个能动者具有道德理由去行动，那么这样一个理由可以基于对这个能动者来说具有重要性的那些欲望、承诺、信念和一般性规划等之外的东西。

弗雷格—吉奇问题（Frege-Geach problem）

这个问题据说是对非认知主义的挑战。它表明非认知主义者承诺这一反直觉和成问题的观点：道德词项的意义在断定语境和未断定语境是不同的。

诠释型虚构主义（hermeneutic fictionalism）

这种观点主张，即使大多数人从来不承认，也存在好的理由认为我们的道德实践是基
　　于假扮，我们是被卷入了一场道德虚构。

休谟主义的动机理论（Humean theory of motivation）

指的是这种观点：认为动机只有在一个信念与一个恰当联系着的欲望结合在一起时才
　　产生；在这里欲望起着引领作用。此外，这种观点还认为信念和欲望是明确区分的
　　两种心灵状态，这样信念就不蕴含欲望。

动机内在主义（internalism about motivation）

指的是这种观点：它认为在道德判断和动机之间有一种概念的、必然性的联系。例
　　如，如果一个能动者判断为慈善事业捐款是对的，那么作为一种概念必然性，他们
　　将会具有为慈善事业捐款的动机。

弱的动机内在主义（internalism about motivation［weak］）

指这种观点：在道德判断和动机之间存在一种必然的但是可废止的联系。例如，如果
　　一个能动者判断为慈善事业捐款是对的——并且他并没有遭受意志软弱等问题的困
　　扰——那么作为一种概念必然性他就会有动机去为慈善事业捐款。

内在理由（internal reasons）

概略地说，是指这种观点：如果能动者具有采取行动的道德理由，那么这样一个理由
　　是基于对这个能动者来说具有重要性的欲望、承诺、信念以及一般性规划。

直觉主义（intuitionism）

指道德认识论当中的这种观点：它主张，至少存在一个（也有可能存在许多）道德信
　　念，其可证成性是自明的。这并不排除其他证成道德主张的方式，也不意味着直觉
　　主义者相信，判断是绝无错误的。

非实在论（irrealism） 参见**非实在论（non-realism）**

最小主义真理解释（minimalism about truth）

非认知主义者当中最流行的备选真理解释。这样一种解释是最小主义的，是因为一个
　　主张可以根据它为真，即使不存在使它为真的事实。严格地说，对最小主义者来
　　说，对“什么使得道德主张为真？”的回答是“没有什么使得道德主张为真”。对真
　　理最小主义者来说，“‘谋杀是错的’为真”意思就是谋杀是错的，而询问谋杀是否
　　是错的就是问我们是否应该接受谋杀是错的。

最小主义适真性解释（minimalism about truth-aptitude）

指这种观点：它认为，如果一个实践的核心主张看上去是适真的，那么它们就是适真
　　的。尤其是，它的语言必须是受规约的（关于什么是恰当的什么是不恰当的用法，
　　存在公认的标准），并且它的语言必须具有正确类型的句法特征（例如，它可以被
　　嵌入、否定、结合，等等）。

道德问题（moral problem）

迈克尔·史密斯（Michael Smith, 1994）对三个明显直觉性的立场之间的张力的
命名：**动机内在主义、休谟主义动机说明和认知主义**。

动机性理由（motivating reason）

指激发人去行动的理由：例如，我想去游泳就是一个我跳进温泉中的动机性理由。

自然主义谬误（naturalistic fallacy）

G. E. 摩尔对于试图对善属性（the property good）进行还原的命名。

自然主义（naturalism）

自然主义者声称，唯一存在的东西，是那些会出现在关于什么存在的科学图景中的
东西。

非认知主义（non-cognitivism）

180　这种观点认为道德判断表达非认知状态，如欲望、情绪以及接受的规范和准则
（prescriptions and norms of acceptance）。因此，对非认知主义者来说，道德判断常常
被认为不是**适真的**。

非自然主义者（non-naturalist）

非自然主义者认为，有些东西是存在的，但是它们不会出现在关于什么存在的科学图景中。

规范性理由（normative reason）

指某人所具有的以某些方式行动的理由，其看上去并不明显与他们的心理状态相联系。
即使你可能想游泳，你也有一个不要在温泉里游泳的理由，因为它的温度高达 110 度。

开放问题论证（open question argument）

G. E. 摩尔的方法，用于鉴别和证明犯了**自然主义谬误**的实例。

开放问题（open questions）

如果问题当中词项的意义没有决定答案，这个问题就是开放的。例如，"掷飞镖是一
项运动吗？"这个问题。

分析悖论（paradox of analysis）

指这样一种主张：存在有说服力的理由认为概念分析可以提供非显见信息，但是也存
在有说服力的理由认为概念分析不能提供非显见信息。

命题（proposition）

句子所表达的非语言实体。两个表达同一个命题的句子具有同样的意义，尽管他们的
表达可能是不同的：例如 "I am happy" 与 "Je suis heureux" 表达的是同一命题。

准实在论（quasi-realism）

一个仍在不断发展的解释性方案，它试图表明我们如何可能从**非实在论**出发，模拟据
说用以确定**实在论**是什么的那些特点。

实在论（realism）

道德实在论者辩称，道德属性和 / 或道德事实是存在的，并且某种意义上是独立于人

的判断的。

还原论（reductionism）

指本体论的或语义学的还原。语义学还原论就是以非道德词项来对道德词项进行概念分析。本体论还原论声称道德属性是非道德的、自然的属性。

相对主义（relativism）　　参见"**能动者相对主义**"和"**言说者相对主义**"

变革型虚构主义（revolutionary fictionalism）

这种观点认为，对我们现行的道德实践的适宜反应是：将道德看作虚构。它典型地被当作一个对错误论的回应而被采纳，尽管它不必被接纳为一个对于错误论的回应。

怀疑主义（scepticism）

这种观点认为，我们的道德信念没有得到证成，因此我们不具有道德知识。

言说者相对主义（speaker relativism）

根据言说者相对主义，当我们做出一个道德判断，我们在说什么是隐晦的，只有联系于我们的道德构架才能判断其为真或假。

主观主义（subjectivism）

这种观点认为，我们做出道德判断时，是在描述自己的心灵状态，例如赞成或不赞成。当我说"杀人是错的"，我是在告诉你我对杀人有某种态度。因为主观主义认为道德判断表达信念（关于言说者的心灵状态的信念），主观主义就是一种认知主义理论。不应将其混淆于**非认知主义**或**情绪主义**。

自成一类（*sui generis*）

按照字面意义，就是"（属于）其自身的种类"。自成一类的属性是不可还原的。例如，**康奈尔派实在论**者认为道德属性是自成一类的属性。

随附性（supervenience）

指这种观点：它认为，如果两个情境的自然属性没有区别的话，它们的道德属性不可能是不同的。这一点注定**先验地**为我们所知。

综合性定义（synthetic definition）

指一个定义的真（truth）不能仅仅通过概念分析得到确立，比如"水是 H_2O"。

综合性真理（synthetic truth）

一个主张是综合性地为真的，如果它不只是依赖于其所包含的词项的意义，例如，如果的确在下雨，那么"正在下雨"这个声称就综合性地为真。

适真的（truth-apt）

一个判断是适真的，如果它能够为真或为假。"正在下雨"这个判断是适真的，然而"哎哟！"这个感叹不是适真的。

使真者论题（truth-maker thesis）

一个主张为真，当且仅当世界的某个特点——比如属性——使其为真。

未断定的主张（unasserted claim）

一个主张是未断言的，当它被使用了但却未被断言，例如，"如果世界被洪水淹没，我就必须游泳"；"世界被洪水淹没"被提及而未被断定。可以提到但是不断言某些主张的方式有很多，例如，如果它们出现在"……和……""……或……"或者"如果……那么……"的问题和报告中。

证实原则（verification principle）

这个原则称，如果一个句子不是分析性的或潜在地在经验上可证实，那么它就是无意义的。

Adams, R. 1979. "Divine Command Metaethics Modified Again". *Journal of Religious Ethics* 7(1): 66–79.

Alexander, J. & J. Weinberg 2007. "Analytic Epistemology and Experimental Philosophy". *Philosophy Compass* 2(1): 56–80.

Altman, A. 2004. "Breathing Life into a Dead Argument: G. E. Moore and the Open Question Argument". *Philosophical Studies* 117(3): 395–408.

Arenella, P. 1990. "Character, Choice and Moral Agency: The Relevance of Character to Our Moral Culpability Judgments". *Social Philosophy and Policy* 7(2): 59–83.

Armstrong, D. 2004. *Truth and Truthmakers*. Cambridge: Cambridge University Press.

Audi, R. 1998. "Moderate Intuitionism and the Epistemology of Moral Judgment". *Ethical Theory and Moral Practice* 1(1): 15–44.

Ayer, A. J. 1959. *Logical Positivism*. Glencoe, IL: Free Press.

Ayer, A. J. [1936] 1974. *Language, Truth and Logic*. Harmondsworth: Penguin.

Baldwin, T. 1990. *G. E. Moore*. London: Routledge.

Ball, S. 1991. "Linguistic Intuitions and Varieties of Ethical Naturalism". *Philosophy and Phenomenological Research* 51(1): 1–38.

Barker, S. 2002. "Troubles with Horgan and Timmons' Nondescriptive Cognitivism". *Grazer Philosophische Studien* 63: 235–255.

BBC 2007. "Pole Wakes Up from 19-year Coma". http://news.bbc.co.uk/l/hi/6715313. stm(accessed May 2011).

Bird, A. & E. Tobin 2008. "Natural Kinds". *Stanford Encyclopedia of Philosophy*. http://plato. stanford.edu/entries/natural-kinds/(accessed April 2011).

Blackburn, S. 1984. *Spreading the Word*. Oxford: Oxford University Press.

Blackburn, S. 1993. *Essays in Quasi-Realism*. New York: Oxford University Press.

Blackburn, S. 1998. *Ruling Passions*. Oxford: Oxford University Press.

Blackburn, S. 2000. "Relativism". In *The Blackwell Guide to Ethical Theory*, H. LaFollette(ed.), 38–52. Oxford: Blackwell.

Blackburn, S. 2005. "Quasi-Realism no Fictionalism". In *Fictionalism in Metaphysics*, M. E. Kalderon(ed.), 322–338. Oxford: Oxford University Press.

Blackburn, S. 2007. "How to be an Ethical Anti-Realist". In *Foundations of Ethics: An Anthology*, R. Shafer-Landau & T. Cuneo(eds), 47–58. Oxford: Blackwell.

Boghossian, P. 2006a. *Fear of Knowledge: Against Relativism and Constructivism*. New York: Oxford University Press.

Boghossian, P. 2006b. "What is Relativism?" In *Truth and Realism*, P. Greenough & M. P. Lynch(eds), 13–37. Oxford: Oxford University Press.

Bonjour, L. 1988. *The Structure of Empirical Knowledge*. Cambridge, MA: Harvard University Press.

Boyd, R. 1988. "How to be a Moral Realist". In *Essays on Moral Realism*, G. Sayre-McCord(ed.), 181–228. Ithaca, NY: Cornell University Press.

Braddon-Mitchell, D. & R. Nola(eds) 2009. *Conceptual Analysis and Philosophical Naturalism*. Cambridge, MA: MIT Press.

Brink, D. 1984. "Moral Realism and the Sceptical Arguments from Disagreement and Queerness". *Australasian Journal of Philosophy* **62**(2): 111–125.

Chappell, T. 2008. "Moral Perception". *Philosophy* **83**(4): 421–437.

Clark, M. 2002. *Paradoxes from A to Z*. London: Routledge.

Cleckley, H. 1941. *The Mask of Sanity: An Attempt to Reinterpret the So-called Psychopathic Personality*. St Louis, MO: C. V. Mosby Company.

Copp, D. 2001. "Realist-Expressivism: A Neglected Option for Moral Realism". *Social Philosophy and Policy* **18**(2): 1–43.

Copp, D. 2003. "Why Naturalism?" *Ethical Theory and Moral Practice* **6**(2): 179–200.

Copp, D. 2005. *The Oxford Handbook of Ethical Theory*. New York: Oxford University Press.

Cullison, A. 2010. "Moral Perception". *European Journal of Philosophy* **18**(2): 159–175.

Cuneo, T. 2007. "Recent Faces of Moral Nonnaturalism". *Philosophy Compass* **2**: 850–879.

Cushman, F. 2010. "Don't be Afraid-Science Can Make us Better". *New Scientist* **2782**: 41–43.

Daly, C. & D. Liggins 2010. "In Defence of Error Theory". *Philosophical Studies* **149**(2): 209–230.

Dancy, J. 1993. *Moral Reasons*. Oxford: Blackwell.

Darwall, S., A. Gibbard & P. Railton 1992. "Toward Fin de siècle Ethics: Some Trends". *The Philosophical Review* **101**(1): 115–189.

Descartes, R.[1641]1996. *Meditations on First Philosophy*. Cambridge: Cambridge University Press.

Eklund, M. 2009. "Fictionalism". *Stanford Encylopedia of Philosophy*. http://plato.stanford. edu/entries/fictionalism/(accessed April 2011).

Engel, P. 2002. *Truth*. Chesham: Acumen.

Finlay, S. 2007. "Four Faces of Moral Realism". *Philosophy Compass* **2**(6): 820–849.

Finlay, S. 2008. "The Error in the Error Theory". *Australasian Journal of Philosophy* **86**(3): 347–369.

Finlay, S. 2010. "Recent Work on Normativity". *Analysis* **70**(2): 331–346.

Fisher, A. & S. Kirchin(eds) 2006. *Arguing about Metaethics*. Abingdon: Routledge.

FitzPatrick, W. 2009. "Recent Work on Ethical Realism". *Analysis* **69**(4): 746–760.

Francén, R. 2009. "No Deep Disagreement for New Relativists". *Philosophical Studies* **151**(1): 19–37.

Frankena, W. K. 1939. "The Naturalistic Fallacy". *Mind* **48**(192): 464–477.

Garner, R. 1990. "On the Genuine Queerness of Moral Properties and Facts". *Australasian Journal of Philosophy* **68**(2): 137–146.

Garner, R. 2007. "Abolishing Morality". *Ethical Theory and Moral Practice* **10**(5): 499–513.

Geach, P. 1958. "Imperative and Deontic Logic". *Analysis* **18**(3): 49–56.

Geach, P. 1960. "Ascriptivism". *Philosophical Review* **69**: 221–225.

Geach, P. 1965. "Assertion". *Philosophical Review* **65**: 449–465.

Gibbard, A. 1990. *Wise Choices, Apt Feelings*. Oxford: Clarendon Press.

Gibbard, A. 2003. *Thinking How to Live*. Cambridge, MA: Harvard University Press.

Guerrero, A. 2007. "Don't Know, Don't Kill: Moral Ignorance Culpability and Caution". *Philosophical Studies* **136**(1): 59–97.

Haddon, M. 2004. *The Curious Incident of the Dog in the Night-Time*. London: Vintage.

Haji, I. 1998. "On Psychopaths and Culpability". *Law and Philosophy* **17**(2): 117–140.

Haldane, J. 1928. *Possible Worlds and Other Papers*. London: Chatto & Windus.

Hales, S. 2011. *A Companion to Relativism*. Oxford: Wiley-Blackwell.

Hare, R. M. 1952. *The Language of Morals*. Oxford: Oxford University Press.

Hargreaves, R, 1981. *Little Miss Shy*. Manchester: Egmont Publishing.

Harman, G. 1977. *The Nature of Morality*. Oxford: Oxford University Press.

Harman, G. 2000. *Explaining Value: And Other Essays in Moral Philosophy*. Oxford: Oxford University Press.

Harman, G. & J. Thomson 1996. *Moral Relativism and Moral Objectivity*. Oxford: Blackwell.

Horgan, T. & M. Timmons 1992. "Troubles for New Wave Moral Semantics: The 'Open Question Argument' Revived". *Philosophical Papers* **21**: 153–175.

Horgan, T. & M. Timmons 2000. "Nondescriptivist Cognitivism: Framework for a New Metaethic". *Philosophical Papers* **29**(2): 121–153.

Horgan, T. & M. Timmons 2006. "Morality without Facts". In *Contemporary Debates in Moral Theory*, J. Dreier(ed.), 220–240. Oxford: Blackwell.

Humberstone, I. L. 1992. "Direction of Fit". *Mind* **101**(401): 59–84.

185

Hume, D. [1748] 1995. *An Enquiry Concerning Human Understanding.* Oxford: Oxford University Press.

Jackson, F. 1982. "Epiphenomenal Qualia". *Philosophical Quarterly* 32: 127–136.

Jackson, F. 1998. *From Metaphysics to Ethics.* Oxford: Oxford University Press.

Jackson, F., K. Mason & S. Stich 2009. "Folk Psychology and Tacit Theories: A Correspondence between Frank Jackson, and Steve Stich and Kelby Mason". In *Conceptual Analysis and Philosophical Naturalism*, D. Braddon-Mitchell & R. Nola(eds), 45–98. Cambridge, MA: MIT Press.

Jacobs, J. 2002. *Dimensions of Moral Theory: An Introduction to Metaethics and Moral Psychology.* Oxford: Blackwell.

Joyce, R. 2001. *The Myth of Morality.* Cambridge: Cambridge University Press.

Joyce, R. 2002. "Theistic Ethics and the Euthyphro Dilemma". *Journal of Religous Ethics* 30(1): 49–75.

Joyce, R. 2005, "Moral Fictionalism". In *Fictionalism in Metaphysics*, M. Kalderon(ed.), 287–313. Oxford: Oxford University Press.

Joyce, R. forthcoming. "Error-Theory". In *International Encyclopedia of Ethics*, H. LaFollette(ed.). Oxford: Wiley-Blackwell.

Joyce, R. & S. Kirchin(eds) 2010. *A World without Values: Essays on John Mackie's Moral Error Theory.* Dordrecht: Springer.

Korsgaard, C. 1996. *The Sources of Normativity.* Cambridge: Cambridge University Press.

LaFollette, H. 2000. *The Blackwell Guide to Ethical Theory.* Oxford: Blackwell.

Leiter, B. 2001. "Moral Facts and Best Explanations". *Social Philosophy and Policy* 18: 79–101.

Lenman, J. 2006. "Moral Naturalism". *Stanford Encyclopedia of Philosophy*, http: //plato. stanford.edu/entries/naturalism-moral/(accessed April 2011).

Levy, N. 2002. *Moral Relativism: A Short Introduction.* Oxford: Oneworld.

Lewis, D. 1970. "How to Define Theoretical Terms". *Journal of Philosophy* 67: 427–446.

Lewis, D. 1972. "General Semantics". In *Semantics of Natural Language*, D. Davidson & G. Harman(eds), 169–218. Dordrecht: D. Reidel.

Lillehammer, H. 1997. "Smith on Moral Fetishism". *Analysis* 57(3): 187–195.

Lillehammer, H. 2000. "The Doctrine of Internal Reasons". *Journal of Value Inquiry* 34: 507–516.

Locke, J. [1690] 1975. *An Essay Concerning Human Understanding*, P. H. Nidditch(ed.). Oxford: Clarendon.

Lowe, E. J. 2000. *An Introduction to the Philosophy of Mind.* Cambridge: Cambridge University Press.

Mabrito, R. 2005. "Does Shafer-Landau Have a Problem with Supervenience?" *Philosophical Studies* **126**(2): 297–311.

MacFarlane, J. 2007. "Relativism and Disagreement". *Philosophical Studies* **132**: 17–31.

Mackie, J. 1977. *Ethics: Inventing Right and Wrong*. New York: Penguin.

Majors, B. 2007. "Moral Explanation". *Philosophy Compass* **2**(1): 1–15.

Majors, B. 2008. "Cognitivist Expressivism and the Nature of Belief". *Ethical Theory and Moral Practice* **11**(3): 279–293.

McDermott, T. 1993. *Aquinas: Selected Writings*. Oxford: Oxford University Press.

McDowell, J. 1985. "Values and Secondary Qualities". In *Morality and Objectivity*. T. Honderich(ed.), 110–129. London: Routledge.

McDowell, J. 1987. *Projection and Truth in Ethics*. Lindley Lecture 1987. Department of Philosophy, University of Kansas.

McDowell, J. 1998. *Mind, Value, and Reality*. Cambridge, MA: Harvard University Press.

McNaughton, D.(1988). *Moral Vision*. Oxford: Blackwell.

Miller, A. 1996. "An Objection to Smith's Argument from Externalism". *Analysis* **56**(3): 169–174.

Miller, A. 1998. "Emotivism and the Verification Principle". *Proceedings of the Aristotelian Society* **98**: 103–124.

Miller, A. 2003. *An Introduction to Contemporary Metaethics*. Oxford: Polity.

Miller, A. 2007. *Philosophy of Language*. Abingdon: Routledge.

Miller, A. 2010. "Realism". *Stanford Encylopedia of Philosophy*, http: //plato. stanford.edu/ entries/realism/(accessed April 2011).

Millgram, E. 1995. "Was Hume a Humean?" *Hume Studies* **31**(1): 75–93.

Millgram, E. 1996. "Williams' Argument against External Reasons". *Noûs* **30**: 197–220.

Moore, G. E. 1939. "Proof of an External World". *Proceedings of the British Academy* **25**: 273–300.

Moore, G. E.[1903]1993. *Principia Ethica*. Cambridge: Cambridge University Press.

Mulligan, K. & F. Correia 2008. "Facts". *Stanford Encylopedia of Philosophy*. http: //plato. stanford, edu/ entries/facts/(accessed April 2011).

Murdoch, I. 1970. *The Sovereignty of Good*. London: Routledge.

Murphy, M. 2008. "Theological Voluntarism". *Stanford Encylopedia of Philosophy*. http: // plato.stanford.edu/entries/voluntarism-theological/(accessed April 2011).

O'Brien, D. 2006. *An Introduction to the Theory of Knowledge*. Cambridge: Polity.

Plantinga, A. 1998. "Afterword". In *The Analytic Theist: an Alvin Plantinga Reader*, J. Sennett(ed.). 353–359. Cambridge MA: Eerdmans.

Plato 1981. *Euthyphro*. In Plato, *Five Dialogues*, G. M. A. Grube(trans.). Indianapolis, IN: Hackett.

Plato 2003. *The Republic*, D. Lee(trans.). London: Penguin.

Quinn, P. L. 1978. *Divine Commands and Moral Requirements*. Oxford: Oxford University Press.

Quinn, P. L. 2000. "Divine Command Theory". In *The Blackwell Guide to Ethical Theory*, H. LaFollette(ed.) 53–73. Oxford: Blackwell.

Rachels, J. 2000. "Naturalism". In *The Blackwell Guide to Ethical Theory*, H. LaFollette(ed.), 74–91. Oxford: Blackwell.

Railton, P. 1986. "Moral Realism". *Philosophical Review* **95**(2): 163–207.

Railton, P. 2003. *Facts, Values, and Norms: Essays toward a Morality of Consequence*. Cambridge: Cambridge University Press.

Restall, G., with D. Nolan & C. West 2005. "Moral Fictionalism versus The Rest". *Australasian Journal of Philosophy* **83**: 307–329.

Ridge, M. 2006. "Ecumenical Expressivism: The Best of Both Worlds?" In *Oxford Studies in Metaethics*, vol.2, R. Shafer-Landau(ed.), 302–336. Oxford: Oxford University Press.

Ridge, M. 2007. "Anti-Reductionism and Supervenience". *Journal of Moral Philosophy* **4**(3): 330–348.

Ridge, M. & S. McKeever 2008. "Preempting Principle: Recent Debates in Moral Particularism". *Philosophy Compass* **3**(6): 177–192.

Rogers, B. 2000. *A. J. Ayer: A Life*. London: Vintage.

Rosati, C. 1995. "Naturalism, Normativity, and the Open Question Argument". *Noûs* **29**(1): 46–70.

Rosen, G. 1998. "Essays in Quasi-Realism by Simon Blackburn". *Noûs* **32**(3): 386–405.

Rosen, G. 2003. "Culpability and Ignorance". *Proceedings of the Aristotelian Society* **103**(1): 61–84.

Roskies, A. 2003. "Are Ethical Judgments Intrinsically Motivational? Lessons From 'Acquired Sociopathy'". *Philosophical Psychology* **16**(1): 51–66.

Ross, W. D. 1930. *The Right and the Good*. Oxford: Clarendon Press.

Russell, B. [1922] 1999. "Is There an Absolute Good?" In *Russell on Ethics*, C. Pidgen(ed.), 119–125. New York: Routledge.

Sadler, B. 2003. "The Possibility of Amoralism: A Defence Against Internalism". *Philosophy* **78**(303): 63–78.

Sanford, D. 1984. "Infinite Regress Arguments". In *Principles of Philosophical Reasoning*, J. S. Fetzer & G. Schlesinger(eds), 94–117. Totowa, NJ: Rowman & Littlefield.

Sayre-McCord, G. 1986. "The Many Moral Realisms". *Southern Journal of Philosophy* **24**: 1–22.

Sayre-McCord, G. 1988. *Essays on Moral Realism*. Ithaca, NY: Cornell University Press.

Sayre-McCord, G. 1996, "Coherentist Epistemology and Moral Theory". In *Moral Knowledge?*, W. Sinnott-Armstrong & M. Timmons(eds), 137–189. Oxford: Oxford University Press.

Schilpp, P. 1952. *The Philosophy of G. E. Moore*. New York: Tudor Publishing.

Schroeder, M. 2008. "What is the Frege-Geach Problem?" *Philosophy Compass* **3**(4): 703–720.

Schroeder, M. 2010. *Non-Cognitivism in Ethics*. Abingdon: Routledge.

Searle, J. 1962. "Meaning and Speech Acts". *Philosophical Review* **71**: 423–432.

Shafer-Landau, R. 2003. *Moral Realism: A Defence*. Oxford: Oxford University Press.

Shafer-Landau, R. 2007a. *Ethical Theory: An Anthology*. Oxford: Blackwell.

Shafer-Landau, R. 2007b. "Ethics as Philosophy: A Defense of Ethical Nonnaturalism". In *Foundations of Ethics*, R. Shafer-Landau & T. Cuneo(eds), 62–72. Oxford: Blackwell.

Shafer-Landau, R. 2007c. "Moral and Theological Realism: The Explanatory Argument". *Journal of Moral Philosophy* **4**(3): 311–329.

Shaver, R. 2007. "Non-Naturalism". In *Themes from G. E. Moore: New Essays in Epistemology and Ethics*, S. S. Nuccetelli & G. Seay(eds), 283–307. New York: Oxford University Press.

Simpson, E. 1999. "Between Internalism and Externalism in Ethics". *Philosophical Quarterly* **49**(195): 201–214.

Sinclair, N. 2009. "Recent Work in Expressivism". *Analysis* **69**(1): 136–147.

Singer, P. 2007. "Should we Trust Our Moral Intuitions?". http: //www.utilitarian.net/ singer/by/200703-.htm(accessed April 2011).

Sinnott-Armstrong, W. 2006. *Moral Skepticisms*. New York: Oxford University Press.

Skorupski, J. 1999. "Irrealist Cognitivism". *Ratio* **12**: 436–459.

Skorupski, J. 2007. "Internal Reasons and the Scope of Blame". In *Bernard Williams*, A. Thomas(ed.), 73–103. Cambridge: Cambridge University Press.

Smith, M. 1994. *The Moral Problem*. Oxford: Blackwell.

Smith, M. 1996. "The Argument for Internalism: Reply to Miller". *Analysis* **56**(3): 175–183.

Snare, F. 1975. "The Open-Question as a Lingustic Test". *Ratio* **17**: 122–129.

Stanley, J. 2001. "Hermeneutic Fictionalism". *Midwest Studies in Philosophy* **25**(1): 36–71.

Stevenson, C. 1937. "The Emotive Meaning of Ethical Terms". *Mind* **46**(181): 14–31.

Stevenson, C. 1944. *Ethics and Language*. New Haven, CT: Yale University Press.

Strandberg, C. 2004. "In Defence of the Open Question Argument". *Journal of Ethics* **8**(2): 179–196.

Swain, S., J. Alexander & J. Weinberg 2008. "The Instability of Philosophical Intuitions:

189

Running Hot and Cold on Truetemp". *Philosophy and Phenomenological Research* **76**(1): 138–155.

Swoyer, C. 2009. "Properties". *Stanford Encyclopedia of Philosophy*. http: //plato.stanford.edu/ entries/properties/(accessed April 2011).

Tallant, J. 2011. *Metaphysics: An Introduction.* New York: Continuum.

Tersman, F. 2006. *Moral Disagreement.* New York: Cambridge University Press.

Timmons, M. 1999. *Morality without Foundation.* New York: Oxford University.

Totten, S., W. S. Parsons & I. W. Charny 2009. *Century of Genocide.* New York: Routledge.

Wierenga, E. 1983. "A Defensible Divine Command Theory". *Noûs* **17**(3): 387–407.

Williams, B. 1972. *Morality: An Introduction to Ethics.* Cambridge: Cambridge University Press.

Williams, B. 1981. *Moral Luck.* Cambridge: Cambridge University Press.

Williams, B. 1985. *Ethics and the Limits of Philosophy.* London: Fontana.

Wolfberg, P. J. 1999. *Play and Imagination in Children With Autism.* New York: Teachers College Press.

Wong, D. 2006. *Natural Moralities: A Defense of Pluralistic Relativism.* Oxford: Oxford University Press.

Wright, C. 1987. "Realism, Anti-Realism, Irrealism, Quasi-Realism". *Midwest Studies in Philosophy* **12**: 25–49.

Wright, C. 1989. "The Verification Principle: Another Puncture—Another Patch". *Mind* **98**(392): 611–622.

Wright, C. 1992. *Truth and Objectivity.* Cambridge, MA: Harvard University Press.

Zangwill, N. 2003. "Externalist Moral Motivation". *American Philosophical Quarterly* **40**(2): 143–154.

Zangwill, N. 2008. "Besires and the Motivation Debate", *Theoria* **74**(1): 50–59.

注：索引中的页码系英文版页码，亦即本书边码。

191

God, nature of, 上帝，上帝的性质，80

good（as a simple quality），善（作为一种简单品质），14

good（as an irreducible property），善（作为一种不可还原属性），14

"good"（indefinable），"善"（不可定义的），13—14

gunshot wounds，枪伤，163

Haddon, M., M.哈登，160

Hare, R.M., R.M.黑尔，129—130

Hitler，希特勒，115—116，119

The Hobbit，《霍比特人》，161

holistic justification，整体性证成，151

Horgan, T., T.霍根，165—170

hot spring example，温泉例子，117

Humean account of motivation，休谟主义动机解释，102—103，134—139

is-commitment，是-承诺（实然承诺），166

internalist/externalist about reasons，关于理由的内在主义者 / 外在主义者，131

Intuition，直觉，45，80

Intuitionism，直觉主义，143—144

and observation，直觉主义与观察，146—148

and *a priori* reflection，直觉主义与先验反思，148—150

and non-naturalism，直觉主义与非自然主义，150

inverted commas judgements　*see Hare*，加引号的判断，参见黑尔

irreducible　*see sui generis*，不可还原，参见自成一类

Jackson, F., F.杰克逊，60—64，69

Joyce, R., R.乔伊斯，40，162—164

justification（linear），证成（线性的），151

justification（holistic），证成（整体性的），151

knowledge how/that，实践知识 / 对象知识，17

Lewis, D., D.刘易斯，61，124

Lewis, L., L.刘易斯，113

linear justification，线性证成，151

图书在版编目(CIP)数据

元伦理学导论/(英)安德鲁·费希尔
(Andrew Fisher)著;段素革译. —上海:上海人民
出版社,2023
书名原文:Metaethics:An Introduction
ISBN 978-7-208-17960-8

Ⅰ.①元… Ⅱ.①安…②段… Ⅲ.①元伦理学
Ⅳ.①B82-066

中国版本图书馆 CIP 数据核字(2022)第 177905 号

责任编辑 任俊萍　王笑潇
封面设计 人马艺术设计·储平

元伦理学导论

[英]安德鲁·费希尔 著
段素革 译

出　　版　上海人民出版社
　　　　　(201101　上海市闵行区号景路159弄C座)
发　　行　上海人民出版社发行中心
印　　刷　上海商务联西印刷有限公司
开　　本　635×965　1/16
印　　张　15
插　　页　2
字　　数　186,000
版　　次　2023年9月第1版
印　　次　2023年9月第1次印刷
ISBN 978-7-208-17960-8/B·1655
定　　价　68.00元